高等职业院校互联网+新形态创新系列教材·计算机系列

Photoshop 平面设计项目教程
(第 2 版)(微课版)

尤凤英　谢　浩　主　编
王　娜　李　明　副主编

清華大学出版社
北　京

内 容 简 介

本书采用项目制作与设计理念相结合的方式，以科学有效的项目任务为载体，按照学生的认知规律，详细讲解了 Photoshop 强大的图形、图像处理功能，以及在实际工作中的应用。全书精选 DM 单、节日海报、杂志封面及版面、电商广告、公益广告、网页效果图制作等常用项目进行编写，围绕项目开发思路讲解知识点，案例包含详细制作步骤及相关拓展训练等环节，让读者加强理论与实际的联系。本书内容设计对标课程思政要求，知识点对标“数字影像处理(初级)”的“1+X”职业技能等级证书考核点，制作步骤对标平面设计岗位工作流程，拓展案例对标行业大赛设计要求，实现“岗课赛证”融通。

本书为“十四五”职业教育国家规划教材、省级精品资源共享课及省级在线精品课程配套教材，为方便学习，本书附有大量微视频资源、线上学习课程、教材插图及素材、习题库、参考答案等资源，读者可扫描书中或前言末尾左侧二维码观看或下载；针对教师，本书另赠教学课件、课程教学大纲、教学指南等，教师可扫描前言末尾右侧二维码获取。

本书既适合作为各类高职高专院校学生相关课程的教材，也可作为计算机培训学校的教材或自学参考书，或作为平面设计人员以及从事图形图像设计相关工作人员的参考书。

图书在版编目(CIP)数据

Photoshop 平面设计项目教程 ：微课版 / 尤凤英，谢浩主编. -- 2 版.
北京 ：清华大学出版社，2025. 4. -- (高等职业院校互联网+新形态创新系列教材).
ISBN 978-7-302-68532-6

Ⅰ. TP391.413

中国国家版本馆 CIP 数据核字第 2025P9X927 号

责任编辑：桑任松
装帧设计：杨玉兰
责任校对：么丽娟
责任印制：丛怀宇
出版发行：清华大学出版社
网　　址：https://www.tup.com.cn, https://www.wqxuetang.com
地　　址：北京清华大学学研大厦 A 座　　**邮　　编：**100084
社 总 机：010-83470000　　**邮　　购：**010-62786544
投稿与读者服务：010-62776969, c-service@tup.tsinghua.edu.cn
质量反馈：010-62772015, zhiliang@tup.tsinghua.edu.cn
课件下载：https://www.tup.com.cn, 010-62791865
印 装 者：三河市人民印务有限公司
经　　销：全国新华书店
开　　本：185mm×260mm　　**印　　张：**15.75　　**字　　数：**380 千字
版　　次：2021 年 4 月第 1 版　2025 年 5 月第 2 版　　**印　　次：**2025 年 5 月第 1 次印刷
定　　价：49.80 元

产品编号：107899-01

前　言

本书依托“Photoshop 平面设计”省级精品资源共享课建设成果，编写时以职业岗位综合技能和素质培养为主线，以就业为导向，以能力为本位，教学理念从“关注知识储备”走向“关注知识应用”。本书基于党的二十大精神要求，将设计理念和思政育人相结合，实现“课程思政”引领下的“岗课赛证”相融通。书中将 AIGC 内容生成与项目设计相结合，案例选取围绕公益广告、国粹经典、大国工匠精神等主题进行设计，将社会责任、文化自信、民族精神和职业道德等德育内容融入课程。

本书具有以下几个特点。

1. 项目式体例编写

本书将 Photoshop 软件的使用技巧与应用领域紧密结合，选取平面设计中最实用的 8 个项目，将软件的使用功能贯穿在项目的实现过程中，使学生在学习软件知识的同时，能增强理论与实际的联系，提高美术修养和设计能力。

2. 教学任务注重真实性和典型性

本书所选案例设置遵循学生的学习规律，全面介绍 Photoshop CS6 中文版的基本操作方法和图像处理技巧，项目一为明信片制作——初识 Photoshop 软件，从图像的基本概念入手，介绍 Photoshop 的工作界面及文件的相关操作；项目二为商场 DM 单制作——图像选取与填充，主要介绍选区的创建及基本绘制类工具的用法；项目三为节日海报制作——图层详解，主要介绍图层的编辑和应用；项目四为杂志封面及版面制作——文字详解，主要介绍文字处理操作；项目五为电商广告制作——路径详解，主要讲解路径及其相关操作；项目六为公益广告制作——图像修复与色彩校正，讲解图像修复与图像色彩校正；项目七为书法竞赛宣传海报制作——通道与蒙版，注重讲解蒙版和通道的相关知识；项目八为网页效果图制作——滤镜与动作，介绍如何通过 Photoshop 的滤镜功能打造神奇的图像效果。

3. 项目选取注重实践性和创新性

本书各部分包含项目导入、项目分析、知识储备、任务实践及上机实训等模块，采用最新、最实用的案例，让学生在学习软件知识的同时，能补充实用的平面设计知识，提高学生的设计能力；每个项目的上机实训模块与实践阶段的任务设置相近，使学生能在现阶段所获得经验的基础上进行对比分析，从而得出完成任务的思路和方法；学生在完成实例的同时，可提高分析、对比、迁移知识的能力，利于培养学生主动思考、自主探索及创新的能力。

4. 配套资源注重针对性和时效性

本书是“Photoshop 平面设计”省级精品资源共享课的配套教材，提供大量针对知识点的视频教程、电子课件、插图及素材、教学大纲、习题库、习题答案等立体化学习资源。

大量的“颗粒化”资源让读者能够拓展图像的处理技巧及设计思路，感受到软件的强大功能及带给我们的无限创意。同时，本书视频课程已经在“学银在线”课程平台上线，可供读者学习。

本书由济南职业学院尤凤英、谢浩担任主编，王娜、李明担任副主编。具体编写分工如下：项目一、项目二由谢浩编写，项目三、项目四由王娜编写，项目五、项目六、项目七由尤凤英编写，项目八由李明编写。本书在编写过程中还参考了相关领域的经典优秀著作和文献资料，在此一并表示感谢！

由于编者水平有限，书中难免存在疏漏及不妥之处，敬请广大教师和读者批评指正。

编　者

读者资源下载

教师资源服务

目　　录

项目一

明信片制作——初识 Photoshop 软件

【项目导入】

Photoshop 是由 Adobe 公司推出的图形图像处理软件，主要应用领域包括数码照片处理、广告摄影、视觉创意、平面设计、艺术文字、建筑效果图后期修饰及网页制作等方面。由于具有强大的图像处理功能，Photoshop 一直受到广大平面设计师的青睐。

【项目分析】

本项目介绍图形图像的基本知识，讲解 Photoshop 的操作环境及基本操作，使用户能对图像进行最基本的编辑操作。

【能力目标】

- 熟悉 Photoshop CS6 的工作界面。
- 能够对文件进行基本操作。
- 能够裁剪、移动图片。

【知识目标】

- 了解数字化图像的基础概念。
- 熟悉 Photoshop 的应用领域及 Photoshop CS6 的新增功能。
- 掌握 Photoshop CS6 软件的基本操作，熟悉 Photoshop CS6 的工作界面，能够进行工作区域的设置、辅助工具的使用及 Photoshop CS6 首选项的设置等操作。
- 掌握图像文件的基本操作，能够熟练调整图像文件及画布的大小，掌握裁剪、复制、粘贴、清除、移动及变换图像的方法。

【素质目标】

- 通过在明信片项目中引入剪纸元素，引导学生了解中国传统剪纸艺术，体会中华文化的博大精深。
- 通过京剧中人物形象展板案例引导学生了解京剧艺术，京剧蕴含的中华美育精神与核心价值观高度融合，以此培养学生的文化传承和保护意识。

任务一　制作微信头像

【知识储备】

一、数字化图像基础

计算机中的图像是以数字方式记录、处理和存储的，这些由数字信息表示的图像被称为数字化图像。计算机中的图像主要分为两大类：一类是位图；另一类是矢量图。

1. 像素

像素(pixel)是组成数码图像的最小单位。

2. 分辨率

分辨率是指单位长度内包含的像素点的数量，其单位通常为像素/英寸(PPI)。高分辨率图像包含更多的像素点，因此比低分辨率图像更加清晰。

尽管分辨率越高，图像质量通常越好，但高分辨率图像的文件大小也会增加，占用的存储空间也会随之增大。因此，用户应要根据图像的实际用途来设置合适的分辨率。如果图像用于屏幕显示或者网络，可以将分辨率设为 72 像素/英寸；如果用于喷墨打印机打印，可以设置为 100～150 像素/英寸；如果用于印刷，则应设置为 300 像素/英寸。

3. 位图

位图.mp4

位图也叫光栅图或点阵图，是由许多像素组成的图像。图像的像素点越多，分辨率越高，图像也就越清晰。数码相机拍摄的照片、扫描仪扫描的图片，以及在计算机屏幕上抓取的图像都属于位图，Photoshop 是典型的位图处理软件之一。位图的特点在于能够表现色彩的变化和颜色的细微过渡，并且容易在不同软件之间转换；但位图文件占用的磁盘空间较大，且在缩小和放大后都会失真。位图的原图及局部放大后的失真效果分别如图 1-1 和图 1-2 所示。

图 1-1　位图原图

图 1-2　位图放大后的失真效果

4. 矢量图

矢量图又称向量图，是由图形的几何特性描述组成的图像。矢量图的特点是文件占用磁盘空间较小，并且在对图形进行缩放、旋转或变形操作时，不会产生锯齿或模糊效果，但矢量图在表现丰富的颜色变化和细腻的色调过渡方面有所限制。常用的矢量图制作软件有 Illustrator、CorelDRAW 和 AutoCAD 等。矢量图的原图及其局部放大后的效果分别如图 1-3 和图 1-4 所示。

图 1-3　矢量图原图

图 1-4　矢量图放大后的效果

5. 颜色模式

颜色模式.mp4

颜色模式用于确定显示和打印图像时颜色的表现方式，它决定了图像的颜色数量、通道数量、文件大小和文件格式。此外，颜色模式还决定了图像在 Photoshop 中是否可以进行某些特定的操作。打开一幅图像后，可以在“图像”|“模式”子菜单中选择一个命令，将其转换为所需的颜色模式。颜色模式菜单如图 1-5 所示。

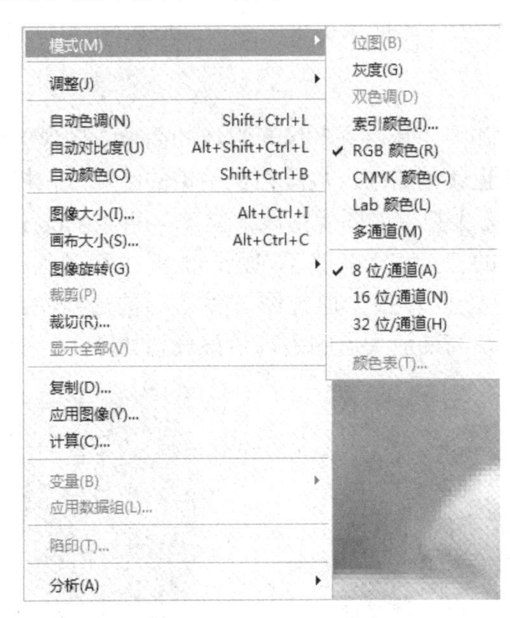

图 1-5　颜色模式菜单

不同的颜色模式有不同的特点，最常用的颜色模式是 RGB 模式和 CMYK 模式。

RGB 模式是一种用于屏幕显示的颜色模式，其中 R 代表红色，G 代表绿色，B 代表蓝色。每一种颜色都有 256 种亮度值，因此，RGB 模式可以呈现 256×256×256(即 16 777 216)种颜色。

CMYK 模式是一种印刷模式，其中 C 代表青色，M 代表品红色，Y 代表黄色，K 代表黑色。该模式的色域范围比 RGB 模式小，并不是所有屏幕中可以显示的颜色都能被打印出来，只有在制作用于印刷色打印的图像时，才使用 CMYK 模式。

灰度模式只有灰度色(图像的亮度)，没有彩色。

Lab 模式由三个通道组成，是目前所有颜色模式中色彩范围(即色域)最广的模式。

HSB 模式是利用颜色的三要素来表示颜色的，它与人眼观察颜色的方式最接近。其中 H 表示色相(Hue)，S 表示饱和度(Saturation)，B 表示明度(Brightness)。

在 Photoshop 中，那些不能被打印输出的颜色称为溢色。要查看 RGB 图像有没有溢色，可以执行“视图”|“色域警告”命令，如果图像中出现灰色，则灰色所在的区域便是溢色区域；再次执行该命令，可以取消色域警告。

6. 文件格式

文件格式.mp4

文件格式用于确定图像数据的存储内容和存储方式，它决定了文件

是否与一些应用程序兼容，以及如何与其他程序交换数据。在 Photoshop 软件中处理图像后，可根据需要选择一种文件格式来保存图像。执行“文件”|“存储为”命令，会弹出“存储为”对话框，可在“格式”下拉列表中查看或选择文件格式，如图 1-6 所示。

(1) PSD 格式：此格式是 Photoshop 的专用格式。它能保存图像数据的每一个细节，包括图像的层、通道等信息，确保各层之间相互独立，便于以后进行修改。PSD 格式还可以保存为 RGB 或 CMYK 等颜色模式的文件，唯一的缺点是保存的文件比较大。

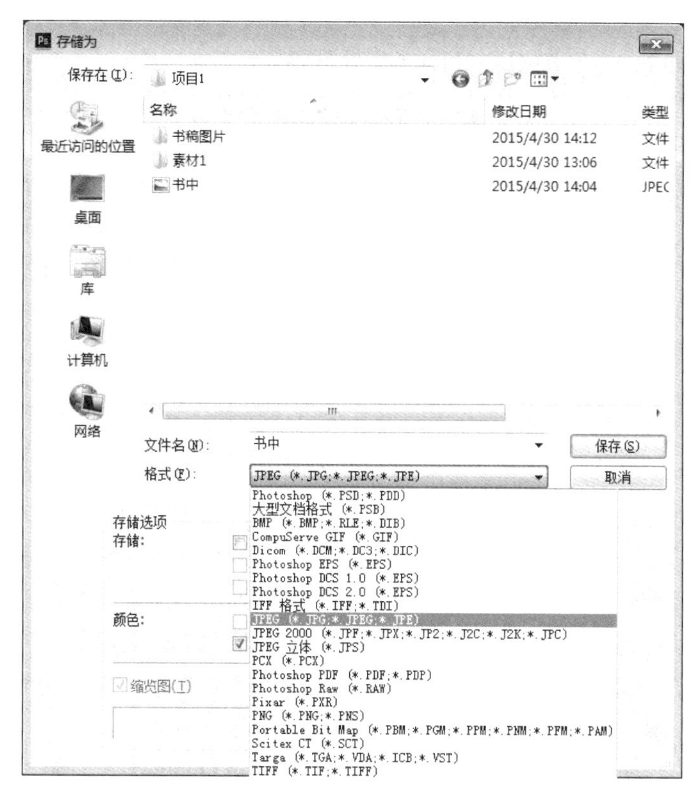

图 1-6 文件格式列表

(2) JPEG 格式：此格式是较常用的图像格式，支持真彩色、CMYK、RGB 和灰度颜色模式，但不支持 Alpha 通道。JPEG 格式适用于 Windows 和 Mac 平台，是所有压缩格式中最卓越的。虽然它是一种有损压缩格式，但在文件压缩前，用户可以在弹出的对话框中设置压缩的大小，从而有效控制压缩过程中数据的损失量。JPEG 格式也是目前网络可以支持的图像文件格式之一。

(3) GIF 格式：此格式由 CompuServe 公司制定，能存储具有背景透明效果的图像，但只能处理 256 种颜色。GIF 格式常用于网络传输，其文件的传输速度通常比其他格式的文件要快。此外，GIF 格式还能将多张图像存储在一个文件中，形成动画效果。

(4) PNG 格式：此格式是 Adobe 公司针对网络图像开发的文件格式。PNG 格式可以使用无损压缩方式压缩图像文件，并支持使用 Alpha 通道创建透明背景，作为一种功能强大的网络文件格式，它在较新版本的 Web 浏览器中得到支持，但较早版本的浏览器可能无法识别。

二、Photoshop CS6 的安装和卸载

1. 安装 Photoshop CS6 的系统要求

Windows 操作系统和 Mac 操作系统之间存在差异，因此对 Photoshop CS6 的安装要求也有所不同。以下是 Adobe 推荐的最低系统要求。

1) Windows 系统对应的要求

- Intel Pentium 4 或 AMD Athlon 64 处理器。
- 1GB 可用硬盘空间用于安装，安装过程中需要额外的可用空间(无法安装在基于闪存的可移动存储设备上)。
- 1024 像素×768 像素的屏幕(推荐 1280 像素×800 像素)，配备符合条件的硬件加速 OpenGL 图形卡、16 位颜色和 256MB 显存。
- 某些 GPU 加速功能需要 Shader Model 3.0 和 OpenGL 2.0 图形支持。
- DVD-ROM 驱动器。
- 多媒体功能需要 QuickTime 7.6.2 软件。
- 在线服务需要宽带 Internet 连接。

2) Mac 操作系统对应的要求

- Intel 多核处理器。
- Mac OS X 10.5.7 或 10.6 版。
- 1GB 的内存。
- 2GB 可用硬盘空间用于安装，安装过程中需要额外的可用空间(无法安装在使用区分大小写的文件系统的卷或基于闪存的可移动存储设备上)。
- 1024 像素×768 像素的屏幕(推荐 1280 像素×800 像素)，配备符合条件的硬件加速 OpenGL 图形卡、16 位颜色和 256MB 显存。
- 某些 GPU 加速功能需要 Shader Model 3.0 和 OpenGL 2.0 图形支持。
- DVD-ROM 驱动器。
- 多媒体功能需要 QuickTime 7.6.2 软件。
- 在线服务需要宽带 Internet 连接。

2. 安装方法

将 Photoshop CS6 安装光盘放入光驱，在光盘根目录文件夹中双击“Setup.exe”文件，运行安装程序并初始化。初始化完成后，显示“欢迎”窗口，单击“接受”按钮，在窗口中输入安装序列号。单击“下一步”按钮，显示安装选项，选择 Photoshop CS6，并选择安装位置，单击“安装”按钮开始安装，安装过程中会显示安装进度和剩余时间。安装完成后，单击“完成”按钮。最后单击“下一步”按钮，结束安装。

3. Photoshop CS6 的卸载

打开 Windows 控制面板，双击“添加或删除程序”图标，在打开的对话框中选择“Adobe Creative Suite 6”，单击“删除”按钮，在弹出的“卸载选项”窗口中，选择 Photoshop CS6，单击“卸载”按钮开始卸载，窗口中会显示卸载进度。如果要取消卸载，可单击“取消”按钮。

三、Photoshop CS6 的启动和退出

在使用软件之前，首先应学会启动软件和退出软件的操作方法。启动和退出 Photoshop CS6 的方法有很多种，下面将分别介绍。

1. Photoshop CS6 的启动

启动 Photoshop CS6 软件的方式有以下四种。

(1) 在桌面上双击 Photoshop CS6 快捷方式图标。

(2) 双击 PSD 格式的图像文件。

(3) 执行“开始”|“程序”命令，找到 Adobe Photoshop CS6，单击即可。

(4) 在任意一个图像文件图标上右击，从弹出的快捷菜单中执行“打开方式”| Adobe Photoshop CS6 命令。

2. Photoshop CS6 的退出

Photoshop CS6 软件的退出方式有以下四种。

(1) 在 Photoshop CS6 界面中，执行“文件”|“退出”命令，或者按 Ctrl+Q 快捷键。

(2) 在 Photoshop CS6 界面中，单击右上角的关闭按钮。

(3) 在任务栏的 Photoshop CS6 图标上右击，从弹出的快捷菜单中选择“关闭窗口”命令。

(4) 按 Alt+F4 快捷键。

四、Photoshop CS6 的工作界面

工作界面.mp4

Photoshop CS6 分为标准版和扩展版两个版本，其中扩展版中增添了创建、编辑 3D 和基于动画内容的突破性工具。这里主要介绍标准版的工作界面。

1. Photoshop CS6 的主窗口

Photoshop CS6 主窗口中包含以下组件：程序栏、菜单栏、工具箱、工具选项栏、文档窗口、标题栏、选项卡、面板、状态栏等，如图 1-7 所示。

(1) 程序栏：可以调整 Photoshop 窗口的大小，实现窗口的最大化、最小化或关闭，可以直接访问 Bridge、切换工作区、显示参考线和网格等。

(2) 菜单栏：包含可以执行的各种命令，单击菜单名称，即可打开相应的菜单。每个命令后面标注了执行该命令所对应的快捷键。

(3) 工具箱：包含用于执行各种操作的工具。

(4) 工具选项栏：包含设置每个工具的各种选项，它会随着所选工具的不同而不同。

(5) 文档窗口：用于显示和编辑图像的区域。

(6) 标题栏：显示文档名称、文件格式、窗口缩放比例和颜色模式等信息。如果文档包含多个图层，还会显示当前工作的图层名称。

(7) 选项卡：打开多个图像时，它们会最小化到选项卡中，单击某个标题栏即可显示相应的文件。

(8) 面板：帮助用户编辑图像，有的用于设置编辑内容，有的用于设置颜色属性。可以通过“窗口”菜单打开或关闭某个面板。

(9) 状态栏：显示文档大小、文档尺寸、当前工具和窗口缩放比例等信息。

图 1-7　Photoshop CS6 的主窗口

2. 工具箱

Photoshop CS6 的工具箱中包含了用于创建和编辑图像的多种工具按钮。组与组之间通过直线分隔；当工具图标右下角有一个三角形时，表示该组中还有多个隐藏的工具，在该图标上按住鼠标右键，会弹出隐藏的工具列表，将鼠标指针移动到所需工具上单击，即可将隐藏的工具设为当前工具。Photoshop 的工具箱及工具分类如图 1-8 所示。

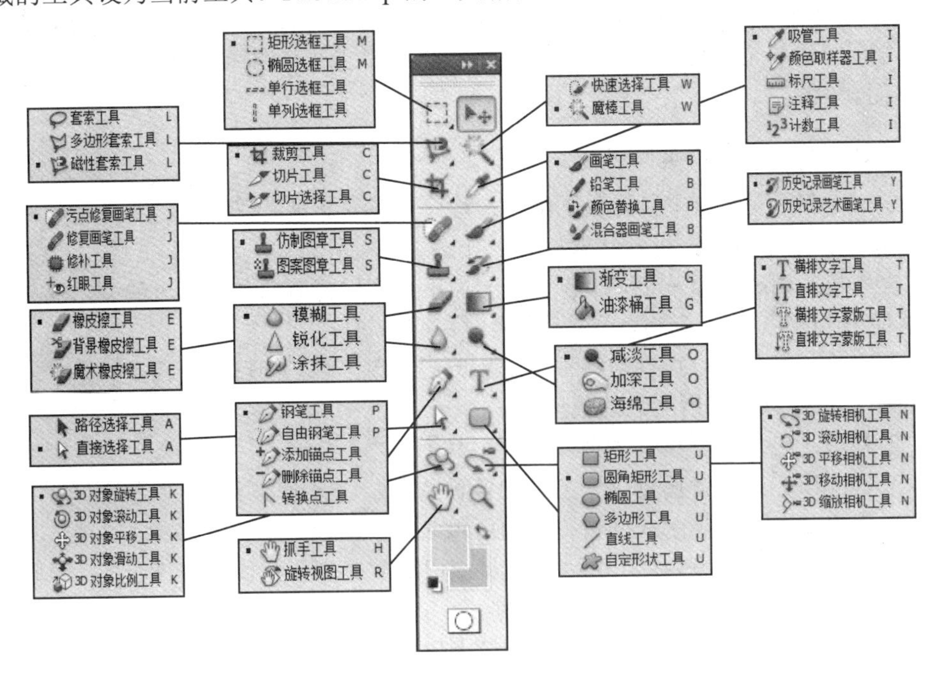

图 1-8　Photoshop 的工具箱及工具分类

单击工具箱顶部的▶▶按钮，可以将工具箱切换为双排显示，再次单击◀◀按钮，可以将工具箱切换回单排显示。单排工具箱可以为文档窗口节省更多的空间。在默认情况下，工具箱位于窗口左侧，将光标放置在工具箱顶部的▶▶按钮左侧，按下鼠标左键并向右侧拖动，即可将工具箱拖动至窗口中的任意位置。

3. 文档窗口

如果同时打开多个图像，各文档窗口将以选项卡的形式显示，如图 1-9 所示。单击某个文档的名称，即可将相应的文档窗口设置为工作窗口。按 Ctrl+Tab 快捷键，可以按照前后顺序切换窗口；按 Ctrl+Shift+Tab 组合键，可以按照相反的顺序切换窗口。

图 1-9　文档选项卡

在文档窗口的标题栏上按下鼠标左键并将其从选项卡中拖出，即可使其成为能够随意移动位置的浮动窗口，如图 1-10 所示。

图 1-10　浮动窗口

浮动窗口的大小可随意调整。将浮动窗口的标题栏拖动至选项卡区域，当出现蓝色横线时释放鼠标，该窗口就会停至选项卡中。如果打开的文档数量过多，无法在选项卡中全部显示，可单击选项卡右侧的按钮，在弹出的下拉列表中选择需要的图像。

单击标题栏中的按钮，可关闭该文档窗口；如果要关闭所有的文档窗口，可以在一个标题栏上右击，在弹出的快捷菜单中选择“关闭全部”命令；也可以通过执行“文件”|“关闭”命令、“文件”|“关闭全部”命令来完成关闭文档窗口的操作。

4. 工具选项栏

工具选项栏是用来设置工具的选项，其内容会随着所选工具的不同而变化。图 1-11 所示为仿制图章工具的选项栏。

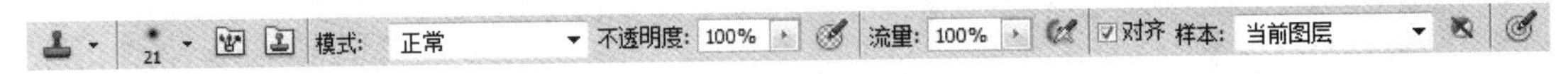

图 1-11　仿制图章工具选项栏

1) 通用选项含义

不同的工具选项栏中有一些通用的设置，介绍如下。

(1) 下拉按钮：单击该按钮，可以打开一个下拉面板，如图 1-12 所示。

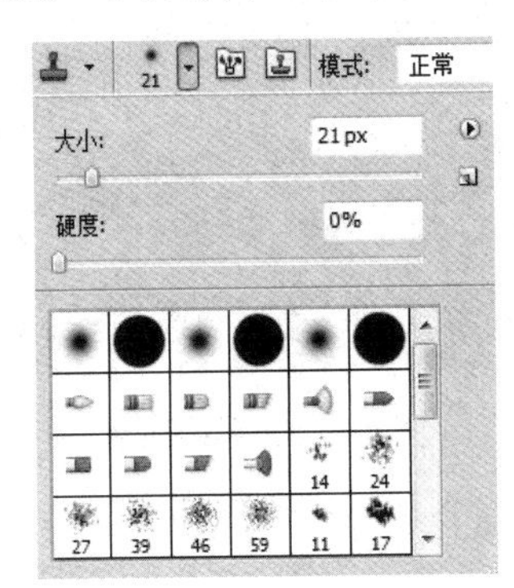

图 1-12　画笔下拉面板

(2) 文本框：在文本框中单击并输入数值，然后按 Enter 键即可调整数值。如果文本框旁边有按钮，单击该按钮会显示一个滑块，通过拖动滑块，也可以调整数值。

(3) 下拉列表框：单击下拉列表框中的下拉按钮，可以打开一个下拉列表，用户可以从列表中选择任意选项。

2) 隐藏/显示工具选项栏

执行“窗口”|“选项”命令，可以隐藏或显示工具选项栏。

3) 移动工具选项栏

拖动工具选项栏最左侧的图标，可以使工具选项栏变为浮动选项栏，如图 1-13 所示。将浮动的工具选项栏拖回至菜单栏下方，当出现蓝色提示条时释放鼠标，可令其重新停放到原处。

图 1-13　移动工具选项栏

4) 创建和使用工具预设

在工具选项栏中，单击工具图标右侧的下拉按钮，即可打开一个下拉面板，该面板中包含了各种工具预设，图 1-14 所示为“裁剪工具”预设。

(1) 新建工具预设：单击工具预设下拉面板中的按钮，可以基于当前设置的工具选项新建一个工具预设。

(2) “仅限当前工具”复选框：选中该复选框，面板中仅显示所选工具的预设；若取消选中，面板中将显示所有工具的预设。

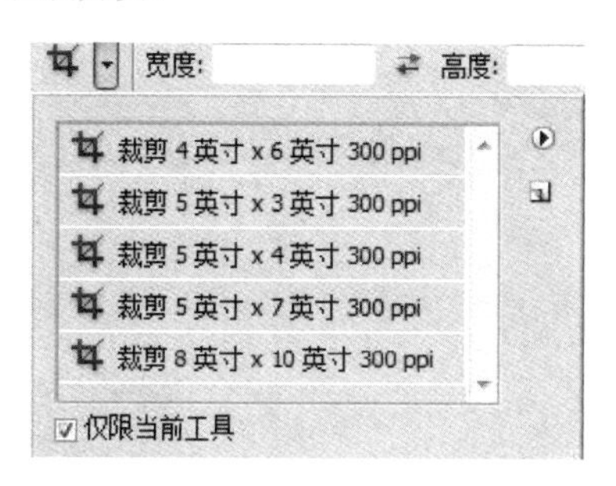

图 1-14　裁剪工具预设

(3) 重命名和删除预设：在工具预设上右击，可以在打开的快捷菜单中选择相应命令进行重命名或者删除该工具预设。

(4) 复位工具预设：选择一个工具预设后，每次选择该工具时将自动应用这一预设。如果要清除预设，可以单击面板右上角的按钮，在弹出的面板菜单中执行“复位工具”命令。

5. 菜单栏

Photoshop CS6 的菜单栏中包含 11 个菜单，如图 1-15 所示。

文件(F)　编辑(E)　图像(I)　图层(L)　选择(S)　滤镜(T)　分析(A)　3D(D)　视图(V)　窗口(W)　帮助(H)

图 1-15　菜单栏

每个菜单内都包含一系列命令，单击一个菜单即可打开该菜单，选择菜单中的一个命令即可执行该命令。如果命令后面有快捷键，按下快捷键即可快速执行该命令。有些命令后面只提供字母，可同时按下 Alt 键和主菜单对应的字母来执行该命令。在文档窗口的空白处，在一个对象或面板上右击，可以显示快捷菜单。

6. 面板

Photoshop 中包含 20 多个面板，在“窗口”菜单中选择需要的面板将其打开。在默认情况下，面板以选项卡的形式分组显示在主窗口右侧，如图 1-16 所示。

单击一个面板标签，即可将该面板设置为当前活动面板，同时显示面板中的选项，如图 1-17 所示。

单击面板组右上角的按钮，可以将面板折叠为图标状态；单击面板右上角的按钮，可以将其折叠回面板组。通过拖动面板边界，可以调整面板组的宽度。

选中一个面板标签，将其从面板组拖动至窗口的空白位置处，再释放鼠标，即可将其移出面板组，使其成为浮动面板。

图 1-16　面板组

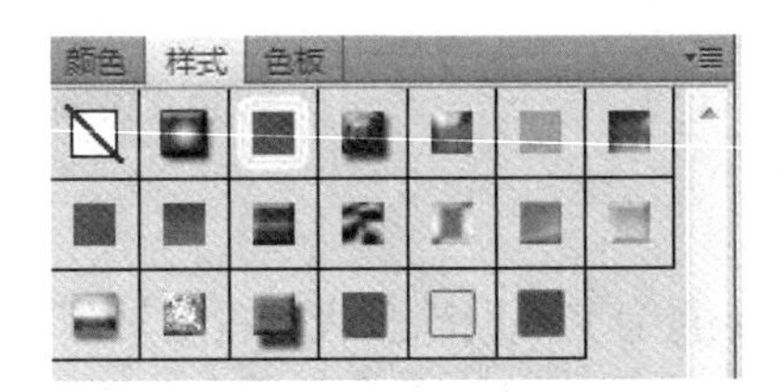

图 1-17　切换面板

将一个面板标签拖动到另一个面板的标题栏上，当出现蓝色边框时释放鼠标，可以将它与目标面板组合。

将光标放在面板标签上，拖动至另一个面板下方，当两个面板的连接处显示为蓝色时释放鼠标，可以链接两个面板。链接的面板可以同时折叠或移动。

如果面板的右下角有按钮，则拖动该按钮可调整该面板的大小。单击面板右上角的按钮，可以打开面板菜单，菜单中包含了与当前面板相关的各种命令，如图 1-18 所示。

在一个面板的标题栏上右击，从弹出的快捷菜单中选择“关闭”命令，可以关闭该面板；执行“关闭选项卡组”命令，可以关闭该面板组，如图 1-19 所示。对于浮动面板，可单击其右上角的按钮将其关闭。

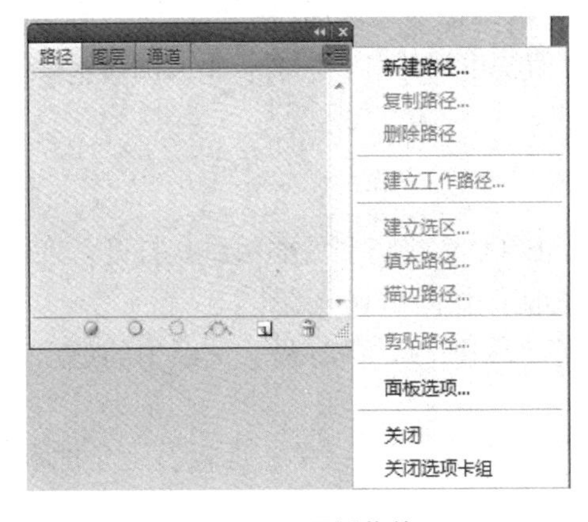

图 1-18　面板菜单

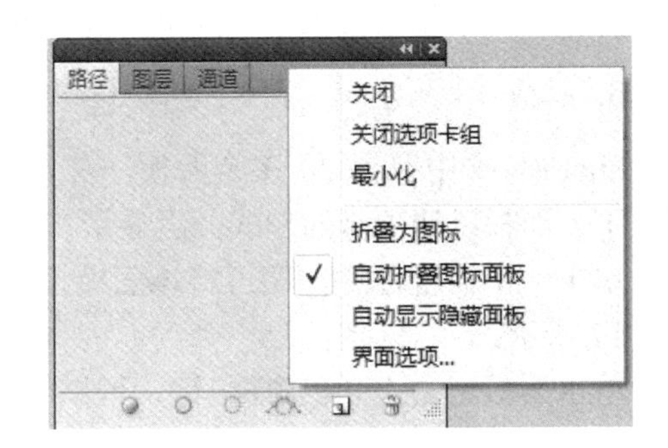

图 1-19　右击面板标题栏

用户可以在需要时打开面板，不需要时将其隐藏，以便节省窗口空间。

7. 状态栏

状态栏位于文档窗口的底部，可以显示文档窗口的缩放比例、文档大小、当前使用的工具等信息。单击状态栏中的▶按钮，可以在弹出的菜单中选择状态栏的显示内容，如图 1-20 所示。

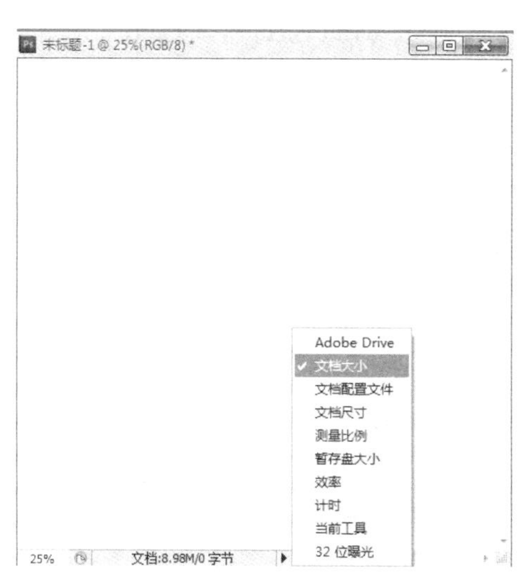

图 1-20 状态栏菜单

状态栏菜单中各命令的含义如下。

- Adobe Drive：显示文档的 Version Cue 工作组状态。用户可以在 Windows 资源管理器或者 Mac OS Finder 中查看服务器的项目文件。
- 文档大小：显示有关图像中的数据量信息。例如，“文档：27.9M/71.1M”，左边的数字表示拼合图层并保存文件后的大小，右边的数字表示包含图层和通道的近似大小。
- 暂存盘大小：显示有关处理图像的内存和 Photoshop 暂存盘的信息。例如，“暂存盘：245.6M/917.8M”，左边的数字表示 Photoshop 中打开文件所需的内存大小，右边的数字表示可用于处理图像的总内存量。
- 文档配置文件：显示图像所使用的颜色配置文件的名称。
- 文档尺寸：显示图像的尺寸。例如，“276.01 毫米×189.99 毫米”。
- 测量比例：显示文档的比例。例如，“1 像素=1.0000 像素”。
- 效率：显示执行操作实际花费时间的百分比。如果效率为 100%，则表示当前处理的图像在内存中生成；如果效率低于 100%，则表示 Photoshop 正在使用暂存盘。
- 计时：显示完成上一次操作所用的时间。
- 当前工具：显示当前使用的工具名称。
- 32 位曝光：用于调整预览窗口，以便在计算机显示器上查看 32 位/通道动态范围图像的选项。

8. 程序栏

程序栏位于 Photoshop 主窗口的最顶部，其中提供了一组按钮，如图 1-21 所示。

图 1-21 程序栏

左侧的按钮可用于打开 Bridge、Mini Bridge，调整窗口显示比例，显示标尺、参考线和网格，以及按照不同的方式排列文档。右侧的按钮可用于切换工作区，将窗口最大化、最小化和关闭。

9. 查看图像

查看图像.mp4

Photoshop 提供了不同的屏幕显示模式，以及缩放工具、抓手工具、“导航器”面板和各种窗口缩放命令等，方便用户在编辑图像时查看图像。

1) 屏幕显示模式

单击程序栏中的按钮，或者执行“视图”|“屏幕显示模式”命令，在弹出的菜单中进行屏幕显示模式的选择。

- 标准屏幕模式：默认的屏幕模式，可以显示菜单栏、标题栏、滚动条和其他屏幕元素。
- 带有菜单栏的全屏模式：显示菜单栏和 50%灰度背景、无标题栏和滚动条的全屏窗口。
- 全屏模式：显示黑色背景，无标题栏、菜单栏和滚动条的全屏窗口。

按 F 键可以在各个屏幕模式间来回切换。按 Tab 键可以显示/隐藏工具箱、面板、工具选项栏；按 Shift+Tab 快捷键可以隐藏/显示面板。

2) 排列窗口中的图像文件

如果打开了多个图像文件，可以执行“窗口”|“排列”命令，在弹出的子菜单中进行选择，控制各个文档窗口的排列方式，如图 1-22 所示。

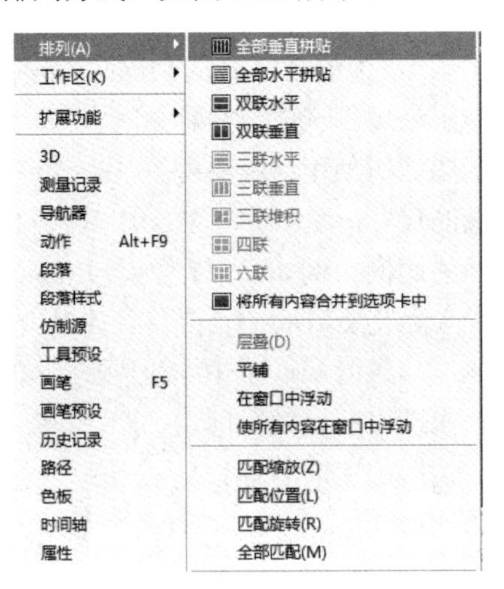

图 1-22 文档窗口的排列方式

“排列”子菜单中各命令的含义如下。

- 将所有内容合并到选项卡中：全屏显示一个图像文件，其他图像最小化到选项卡。
- 层叠：从工作区的左上角到右下角以堆叠和层叠的方式显示浮动的文档窗口。
- 平铺：以靠近工作区四个边框的方式显示窗口。关闭一个图像文件时，其他窗口会自动调整大小，以填满整个空间。
- 在窗口中浮动：图像可以自由浮动，拖动标题栏可以移动窗口的位置。
- 使所有内容在窗口中浮动：使所有的文档窗口都浮动。
- 匹配缩放：将所有窗口都匹配到与当前窗口相同的缩放比例。
- 匹配位置：将所有窗口中图像的显示位置都匹配到与当前窗口相同。
- 匹配旋转：将所有窗口中画布的旋转角度都匹配到与当前窗口相同。
- 全部匹配：将所有窗口的缩放比例、图像显示位置、画布旋转角度都与当前窗口匹配。

3) 使用缩放工具调整窗口比例

使用缩放工具可以将图像按比例放大或缩小显示，图1-23所示为缩放工具选项栏。

调整窗口大小以满屏显示　缩放所有窗口　细微缩放　实际像素　适合屏幕　填充屏幕　打印尺寸

图 1-23　缩放工具选项栏

缩放工具选项栏中各选项的含义如下。

- ：单击放大按钮后，可以完成放大图像的操作；单击缩小按钮后，可以完成缩小图像的操作。
- 调整窗口大小以满屏显示：选中该复选框后，在缩放窗口的同时可以自动调整窗口的大小。
- 缩放所有窗口：选中该复选框后，可以同时缩放所有打开的文档窗口。
- 细微缩放：选中该复选框后，在画面中单击并向左或向右拖动鼠标，能以平滑的方式快速放大或缩小窗口。
- 实际像素：单击该按钮，图像将以实际像素，即100%的比例显示。双击缩放工具也可以完成该调整。
- 适合屏幕：单击该按钮，可以在窗口中最大化显示完整的图像。双击抓手工具也可以完成该调整。
- 填充屏幕：单击该按钮，可以在整个屏幕范围内最大化显示完整的图像。
- 打印尺寸：单击该按钮，可以按照实际的打印尺寸显示图像。

选择缩放工具，在文档窗口中单击，图像将以光标单击处为中心放大显示一级；如果按住Alt键在文档窗口中单击，图像将以光标单击处为中心缩小显示一级。放大效果如图1-24所示。

4) 使用抓手工具移动图像

图像放大显示后，如果全幅图像无法在窗口中完全显示，可以利用抓手工具在图像中拖动鼠标，查看图像的不同区域，如图1-25所示。

在使用抓手工具时，按住Ctrl键或Alt键，可以将其暂时切换为放大工具或缩小工具；双击抓手工具，可以将图像适配至屏幕显示；当使用工具箱中的其他工具时，按住空格键可以将当前工具暂时切换为抓手工具。

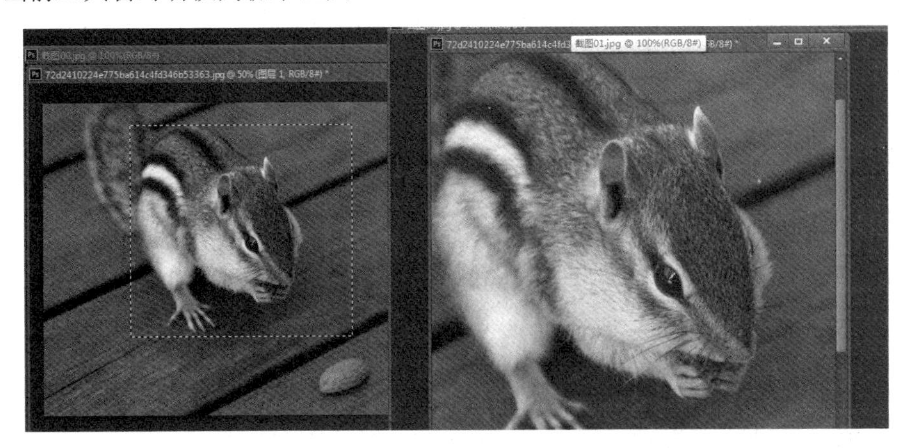

图 1-24　放大效果

图 1-25　使用抓手工具移动图像

图 1-26 所示为抓手工具选项栏。

图 1-26　抓手工具选项栏

如果同时打开多个图像文件，选中“滚动所有窗口”复选框，则移动画面的操作将应用于所有不能完整显示的图像。其他选项与缩放工具相同。

5) 使用“导航器”面板查看图像

执行“窗口”|“导航器”命令，可以打开“导航器”面板。该面板中包含了图像的缩览图和各种窗口缩放工具，如图 1-27 所示。

图 1-27　“导航器”面板

“导航器”面板中各选项的含义如下。

- 缩小按钮：单击该按钮，可以完成缩小图像的操作。
- 放大按钮：单击该按钮，可以完成放大图像的操作。

- 滑块：拖动滑块，可以放大或缩小图像。
- 文本框：通过在文本框中输入数值，也可以直接缩放图像。
- 移动画面：将鼠标移动到图像预览区域，鼠标会变成手掌形状，拖动鼠标可以移动画面，红框内的图像会位于文档窗口的中心位置。

6) 窗口缩放命令

执行“视图”菜单中的相应命令，也可以对图像进行缩放。

10. 使用辅助工具

常用辅助工具.mp4

使用标尺、参考线、网格等辅助工具，可以帮助用户更好地编辑图像。

1) 使用标尺

标尺可以帮助确定图像的位置。执行“视图”|“标尺”命令，或按 Ctrl+R 快捷键，可以显示标尺，如图 1-28 所示。

图 1-28 显示标尺

在默认情况下，标尺的原点位于窗口的左上角(0,0)处。如果要修改原点的位置，可在原点处按下鼠标左键，并向右下方拖动鼠标，此时画面中会出现十字线，将其拖放到需要的位置即可。在窗口的左上角双击，即可恢复原点的默认位置。

双击标尺，可以打开“首选项”对话框，在这里可以设置标尺的单位，如图 1-29 所示。

再次执行“视图”|“标尺”命令，或按 Ctrl+R 快捷键，可以隐藏标尺。

2) 使用参考线

执行“视图”|“新建参考线”命令，在打开的“新建参考线”对话框中进行设置，可以创建精确的垂直或水平参考线，如图 1-30 所示。

执行“视图”|“锁定参考线”命令，可以锁定参考线的位置，以防止参考线被移动。

执行“视图”|“清除参考线”命令，可以删除所有的参考线。

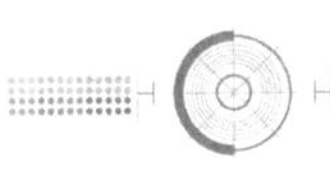

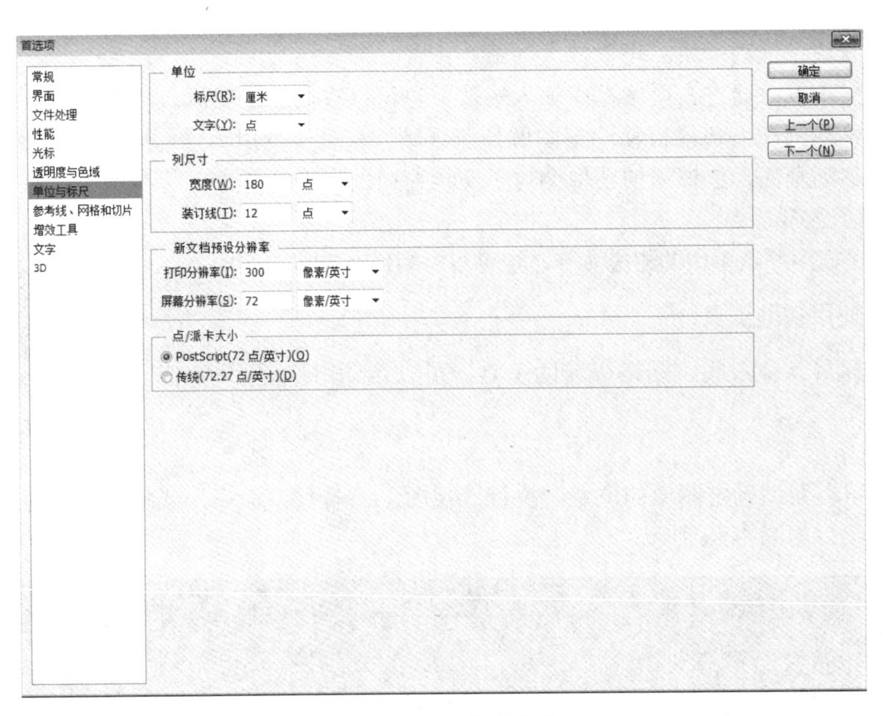

图 1-29　设置标尺单位

图 1-30　新建参考线

通过单击标尺拖动鼠标的方法也可以创建参考线：将鼠标指针放在水平标尺上，向下拖动鼠标，即可创建一条水平参考线；将鼠标指针放在垂直标尺上，向右拖动鼠标，即可创建一条垂直参考线。

选择“移动工具”，将鼠标指针放在参考线上，拖动鼠标即可移动参考线。将参考线拖回至标尺，即可将其删除。

执行“编辑”|“首选项”|“参考线、网格和切片”命令，在打开的“首选项”对话框中可以对参考线的颜色、样式进行设置，如图 1-31 所示。

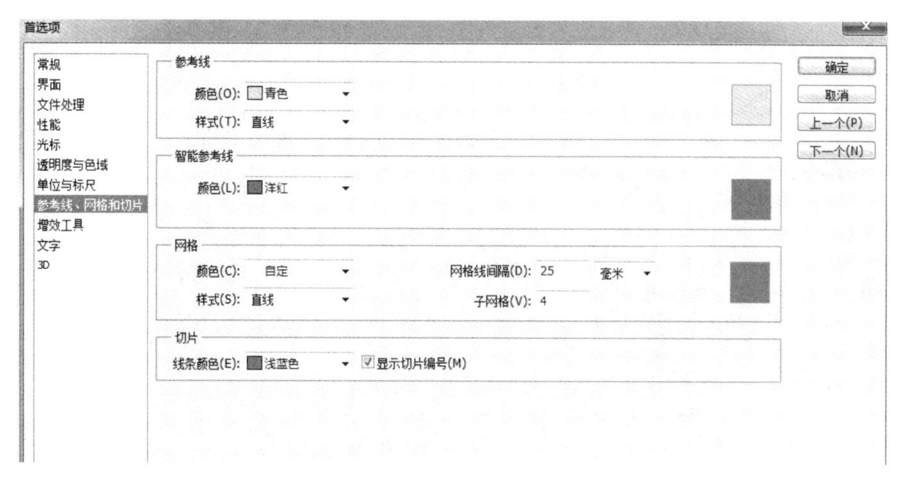

图 1-31　设置参考线的颜色、样式

3) 使用网格

执行“视图”|“显示”|“网格”命令，可以显示网格，再执行“视图”|“对齐”|“网格”命令，启用对齐功能，此后在进行创建选区和移动图像等操作时，对象会自动对齐到网格上。

在“首选项”对话框中可以对网格的颜色、样式、网格线间隔、子网格数进行具体设置，如图 1-32 所示。

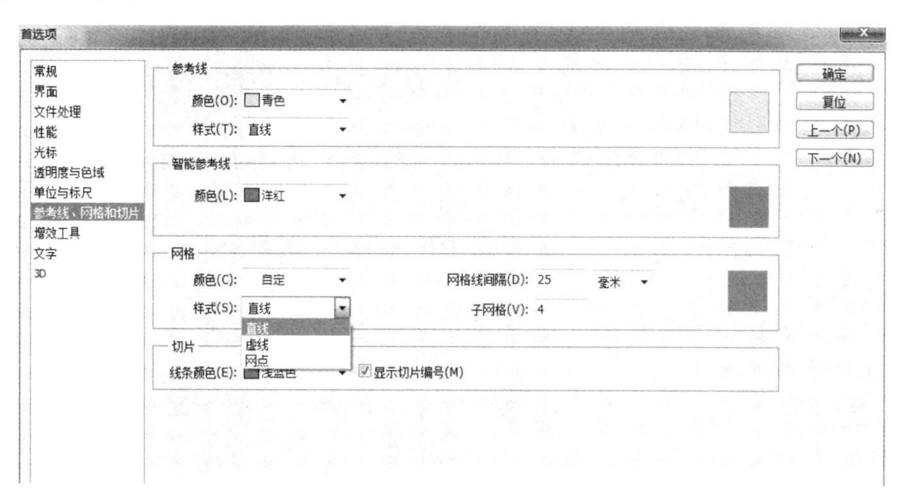

图 1-32　设置网格属性

11. 设置 Photoshop 首选项

“首选项”子菜单中包含了多个命令，可以根据自己的使用习惯来选择相应的命令，打开“首选项”对话框，修改 Photoshop 的首选项，如图 1-33 所示。

“首选项”对话框左侧列表框中各选项的含义如下。

- 常规：设置拾色器、图像插值、相关选项、历史记录等。
- 界面：设置工具栏图标、通道、菜单颜色、工具提示以及面板等。

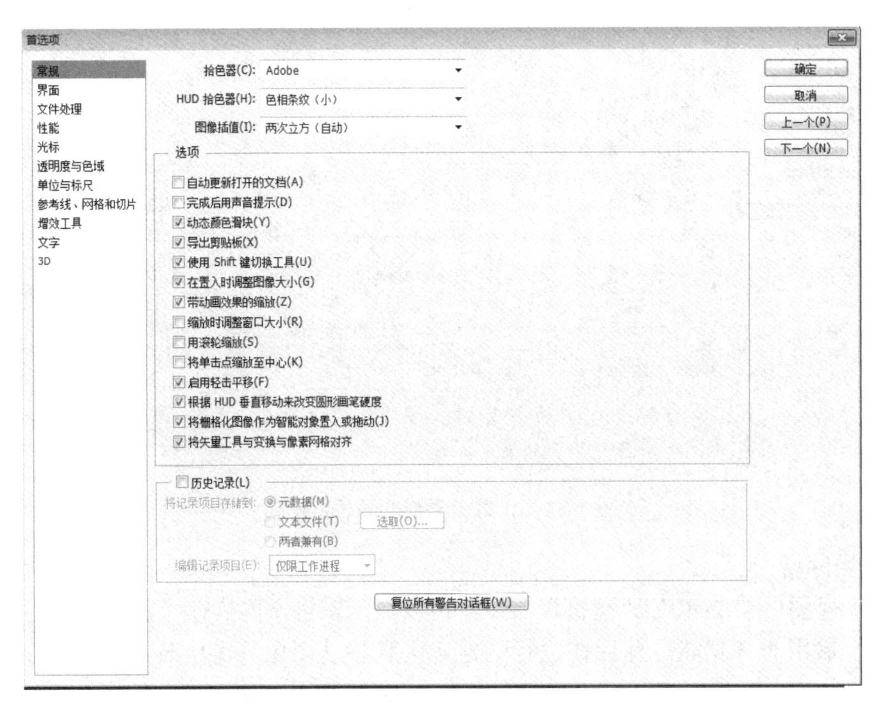

图 1-33 “首选项”对话框

- 文件处理：进行文件存储、文件兼容性的设置。在“图像预览”下拉列表框中，建议选择“存储时提问”选项；在“最大兼容 PSD 和 PSB 文件”下拉列表框中，建议选择“总不”选项；“近期文件列表包含”文本框中数字的增大不会影响内存，可以自行设置。
- 性能：在“内存使用情况”选项组中设置分配给 Photoshop 的内存量；在“历史记录”选项组中设置历史记录的状态(最大为 1000，最小为 20)，以及图像数据高速缓存的级别；在“暂存盘”选项组中设置系统中磁盘空闲最大的分区作为第一暂存盘，依次类推。
- 光标：设置使用画笔工具等绘图工具进行绘图时光标的形状，以及吸管等其他工具的光标形状。
- 透明度与色域：“透明区域设置”选项组主要用于指定透明区域中网格的大小、颜色以及是否使用视频 Alpha，“色域警告”选项组主要用于指定色域的颜色及不透明度。
- 单位与标尺：“单位”选项组用于指定标尺和文字的单位，“列尺寸”选项组用于指定列的宽度及装订线的宽度，“新文档预设分辨率”选项组用于指定创建新文档时预置的打印分辨率和屏幕分辨率，“点/派卡大小”选项组用于指定点单位或派卡单位的大小。
- 参考线、网格和切片：设置参考线及智能参考线的颜色、样式，网格的颜色、样式、间隔距离及所包含的子网格数，以及切片线条的颜色及指定是否显示切片编号。
- 增效工具：进行增效工具优化设置，可以附加增效工具文件夹，以及旧版本 Photoshop 的序列号。

- 文字：优化文字设置。选中“使用智能引号”复选框，可以用弯曲的引号代替直引号；选中“启用丢失字形保护”复选框，Photoshop 会指出缺少的字体，并用匹配的字体进行替换。
- 3D：进行 3D 项目的相关设置。

【任务实践】

制作微信头像.mp4

(1) 执行“文件”|“打开”命令，弹出“打开文件”对话框，找到“配套素材文件\项目一”文件夹，打开 1-1.jpg 文件，如图 1-34 所示。

图 1-34　素材效果图(1)

(2) 执行“图像”|“图像大小”命令，打开“图像大小”对话框，如图 1-35 所示。

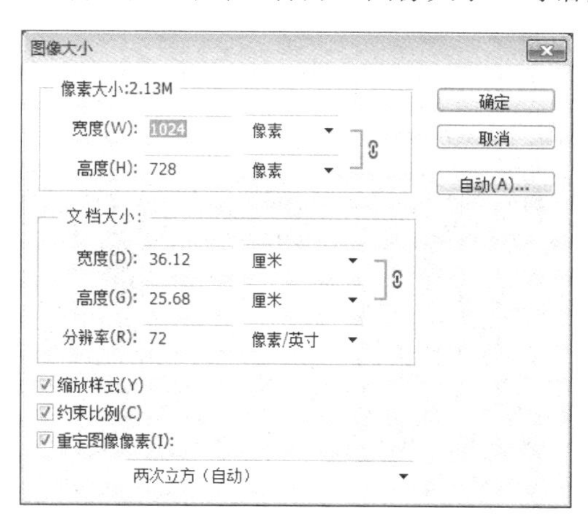

图 1-35　“图像大小”对话框

(3) 设置“像素大小”选项组中的“宽度”文本框的数值为 400 像素，并单击“确定”按钮。

(4) 执行“文件”|“打开”命令，弹出“打开文件”对话框，找到“配套素材文件\项目一”文件夹，打开 1-2.psd 文件，如图 1-36 所示。

图 1-36　素材效果图(2)

(5) 在工具箱中选择移动工具，在 1-2.psd 文件中按住鼠标左键，向 1-1.jpg 文件拖动，将文件中的文字移动到 1-1.jpg 文件中图像的右侧，效果如图 1-37 所示。

图 1-37　效果图(1)

(6) 在工具箱中选择裁剪工具，用鼠标按住左侧中间定位点并向右拖动鼠标，双击后结束裁剪动作，图片效果如图 1-38 所示。

图 1-38　效果图(2)

(7) 执行“文件”|“存储为”命令，弹出“存储为”对话框，如图 1-39 所示。

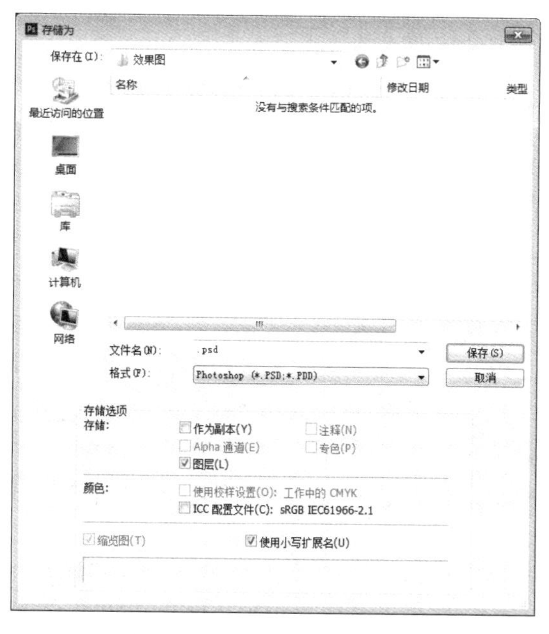

图 1-39　“存储为”对话框

(8) 在“保存在”下拉列表框中设置文件的存储位置，在“文件名”下拉列表框中输入“微信头像”，单击“保存”按钮，完成图片制作。

任务二　明信片制作

【知识储备】

一、文件的基本操作

1. 新建文件

文件的基本操作.mp4

执行“文件”|“新建”命令，或者按 Ctrl+N 快捷键，均可以打开“新建”对话框，如图 1-40 所示。设置好选项后，单击“确定”按钮，即可创建一个空白文档。

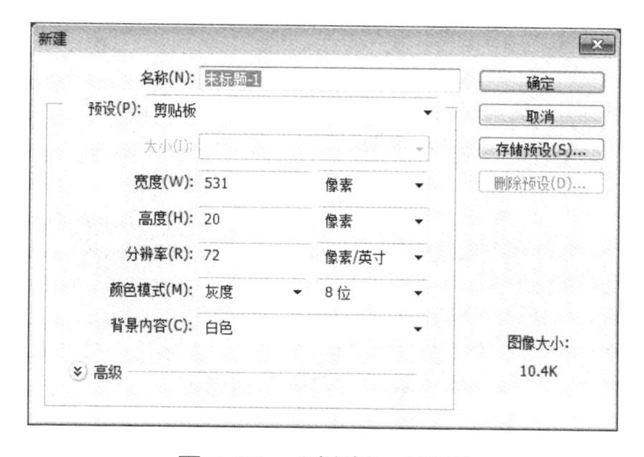

图 1-40　“新建”对话框

“新建”对话框中各个选项的含义如下。

- 名称：在此文本框中可以输入文件的名称，也可以使用默认的文件名。在创建文件后，文件名会显示在文档窗口的标题栏。保存文件时，文件名会自动显示在存储文件的对话框内。
- 预设：在此下拉列表框中提供了照片、移动设备等各种文件的尺寸，用户可以根据自身的需要进行选择。
- 宽度/高度：在这两个文本框中可以输入文件的宽度和高度，在右侧的下拉列表框中可以选择像素、厘米等度量单位。
- 分辨率：在此文本框中可以输入文件的分辨率，在右侧的下拉列表框中可以选择分辨率的单位，包括“像素/英寸”和“像素/厘米”选项。
- 颜色模式：在此下拉列表框中可以选择文件的颜色模式。
- 背景内容：在此下拉列表框中可以选择文件背景的内容，包括“白色”“背景色”“透明”选项。
- 高级：单击“高级”按钮，可以显示出对话框中隐藏的选项。
- 图像大小：显示了使用当前设置新建文件时文件的大小。

2. 打开文件

要在 Photoshop 中编辑一个图像文件，需要先将其打开，打开文件的方式有以下几种。

1) 使用“打开”命令打开文件

执行“文件”|“打开”命令，或按 Ctrl+O 快捷键，或在灰色的 Photoshop 程序窗口中双击，均会弹出“打开”对话框，如图 1-41 所示。

图 1-41 “打开”对话框

选择一个文件(如果要选择多个文件，可按住 Ctrl 键的同时单击它们)，单击“打开”按钮，或双击文件即可将文件打开。“打开”对话框中各选项的含义如下。

- 查找范围：在此下拉列表框中可以选择图像文件所在的文件夹。
- 文件名：在此下拉列表框中显示所选文件的文件名。
- 文件类型：默认为“所有格式”，如果文件数量过多，可以在下拉列表框中选择一种文件格式，便于查找。

2) 使用“在 Bridge 中浏览”命令打开文件

执行“文件”|“在 Bridge 中浏览”命令，可以运行 Adobe Bridge，在 Bridge 中选择一个文件，双击即可在 Photoshop 中将其打开。

3) 打开最近使用过的文件

“文件”|“最近打开文件”命令的子菜单中保存了用户最近在 Photoshop 中打开的 10 个文件，选择一个文件即可将其打开。如果要清除列表，可以执行菜单底部的“清除最近”命令。

4) 置入文件

新建或者打开一个文档后，可以执行“文件”|“置入”命令，将照片、图片等位图文件，以及 EPS、PDF、AI 等矢量文件作为智能对象置入 Photoshop 文档中。

5) 导入文件

Photoshop 支持编辑视频帧、注释和 WIA(Windows Image Acquisition)等内容。新建或者打开一个文档后，可以执行“文件”|“导入”命令，将这些内容导入图像中。

3. 保存文件

编辑好文件之后，应及时保存，Photoshop 保存文件的方法如下。

1) 使用“存储”命令

打开一个文件并修改好之后，执行“文件”|“存储”命令，或按 Ctrl+S 快捷键，可以保存所做的修改，图像会按照原有格式进行存储。如果是新建的文件，执行该命令时会打开“存储为”对话框。

2) 使用“存储为”命令

执行“文件”|“存储为”命令，可以将文件保存为另外的文件名和其他格式，或者存储在其他位置，如图 1-42 所示。

“存储为”对话框中各选项的含义如下。

- 保存在：在此下拉列表框中可以设置文件的保存位置。
- 文件名：在此下拉列表框中可以输入文件名。
- 格式：在此下拉列表框中选择要保存的文件类型。
- 作为副本：选中该复选框，可以另存一个文件副本。
- Alpha 通道/图层/注释/专色：这里可以设置是否存储 Alpha 通道、图层、注释、专色。
- 使用校样设置：将文件保存为 EPS 或 PDF 格式时，选中该复选框，可以保存采用的校样设置。
- ICC 配置文件：选中该复选框，可以保存嵌入在文档中的 ICC 配置文件。
- 缩览图：选中该复选框，选中一个图像时，对话框底部会显示此图像的缩览图。
- 使用小写扩展名：选中该复选框，可以将文件的扩展名设置为小写。

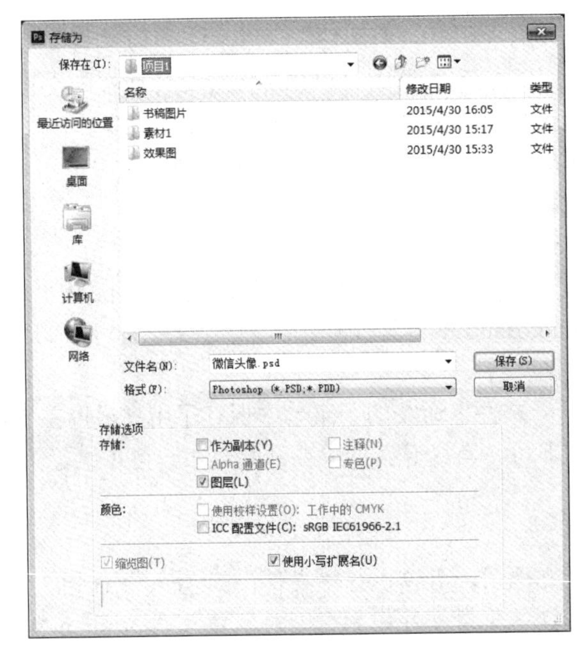

图 1-42　“存储为”对话框

4. 导出文件

执行“文件”|“导出”命令，在子菜单中根据不同的需求进行选择，可以把在 Photoshop 中创建和编辑的图像导出到 Illustrator 或视频设备中。

5. 关闭文件

1) 关闭文件

执行“文件”|“关闭”命令，或按 Ctrl+W 快捷键，或单击文档窗口右上角的按钮，可以关闭当前的图像文件。

2) 关闭全部文件

执行“文件”|“关闭全部”命令，可以关闭所有打开的图像文件。

3) 关闭并转到 Bridge

执行“文件”|“关闭并转到 Bridge”命令，可以关闭当前文件，然后打开 Bridge。

4) 退出程序

执行“文件”|“退出”命令，或单击程序窗口右上角的按钮，可以关闭文件并退出 Photoshop。如果文件没有保存，会弹出一个对话框，询问用户是否保存文件。

二、Photoshop 常见操作

更改图像与画布的大小.mp4

1. 调整图像文件的大小

图像文件的大小是由文件尺寸(宽度、高度)和分辨率决定的，当图像的宽度、高度和分辨率无法符合设计要求时，需要对其进行修改。

执行“图像”|“图像大小”命令，在打开的“图像大小”对话框中进行设置，即可对图像的大小进行修改。

2. 修改图像画布尺寸

画布是指整个文档的工作区域，执行“图像”|“画布大小”命令，会弹出“画布大小”对话框，如图 1-43 所示。

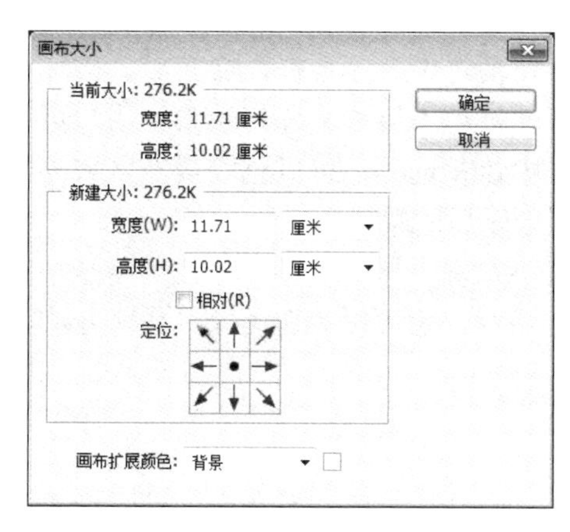

图 1-43 “画布大小”对话框

“画布大小”对话框中各选项的含义如下。

- 当前大小：在此处显示图像宽度、高度和文档实际大小。
- 新建大小：在“宽度”和“高度”文本框中输入新的数值，输入完成后，会显示文档新的大小。输入的数值大于原来的尺寸，画布会增大；反之则减小。
- 相对：选中该复选框，“宽度”和“高度”文本框中输入的数值将代表实际增加或减少的区域大小，而不是整个文档的大小。输入正值表示增大画布，输入负值表示减小画布。
- 定位：单击不同的箭头方格，可以标示当前图像在新画布上的位置。
- 画布扩展颜色：在此下拉列表框中可以选择填充新画布的颜色。

3. 旋转画布

执行“图像”|“图像旋转”命令，在子菜单中可以对画布进行旋转。

4. 裁剪图像

为了使图像的构图更加完美，需要经常裁剪图像，以便删除多余的内容。

裁剪构图.mp4

1) 使用裁剪工具

使用裁剪工具可以裁剪图像，重新定义画布大小。选择裁剪工具后，图像的边缘会出现裁剪边界，使用鼠标绘制新的裁剪区域，或者拖动角和边缘句柄指定图像中的裁剪边界，都可以裁剪图像。裁剪工具选项栏如图 1-44 所示。

图 1-44 裁剪工具选项栏

裁剪工具选项栏中各选项的含义如下。

- 大小和比例：在此选项中可以选择裁剪框的比例或大小，该选项默认为“不受约束”。可以选择默认值，或者输入设定的数值。
- 视图：在此选项中可以选择裁剪时显示叠加参考线的视图。可用的参考线包括三等分参考线、网格参考线和黄金比例参考线等。
- 删除裁剪的像素：取消选中该复选框，会应用非破坏性裁剪，并在裁剪边界外部保留像素。非破坏性裁剪不会移去任何像素，用户可以单击图像查看当前裁剪边界之外的区域。选中该复选框，可以删除裁剪区域外部的任何像素，这些像素将丢失，并且不可用于以后的编辑。

2) “裁切”命令

执行“图像”|“裁切”命令，也可以裁切图像，裁剪方法完全相同。

5. 复制图像

1) 剪切

创建好选区之后，执行“编辑”|“剪切”命令，或按 Ctrl+X 组合键，可以将选区内的图像剪切到剪贴板上。

2) 复制

创建好选区之后，执行“编辑”|“拷贝”命令，或按 Ctrl+C 组合键，可以将选区内的图像复制到剪贴板上，画面中的内容不变。

3) 合并复制

如果图像文件包含多个图层，执行“编辑”|“合并拷贝”命令，可以将所有可见图层中的内容复制到剪贴板上。

拷贝与粘贴.mp4

6. 粘贴与选择性粘贴

1) 粘贴

将图像剪切或复制到剪贴板之后，执行“编辑”|“粘贴”命令，或按 Ctrl+V 组合键，可以将剪贴板中的图像复制到当前文档中。

2) 选择性粘贴

执行“编辑”|“选择性粘贴”命令，在打开的子菜单中进行选择，可以完成特殊的粘贴效果。

- 原位粘贴：可以将图像按照其原位粘贴到文档中。
- 贴入：可以将图像贴入选区内，并自动添加蒙版，将选区之外的图像隐藏。
- 外部贴入：可以将图像贴入，并自动创建蒙版，将选中的图像隐藏。

7. 清除图像

在图像中创建好选区之后，执行“编辑”|“清除”命令，可以清除选区内的图像。如果清除的是背景层上的图像，被清除的部分会被背景色填充；如果清除的是其他图层上的图像，会删除选中的图像。

如果要删除一个或多个图层中的所有图像内容，可以在选中之后按 Delete 键。

8. 移动对象

使用移动工具，不仅可以在文档中移动图层、选区内的图像，还可以将其他文档中的图像移动到当前文档中。利用移动工具移动图像的方法非常简单，在要移动的图像内拖动鼠标，即可移动图像的位置。移动工具选项栏如图 1-45 所示。

图 1-45　移动工具选项栏

移动工具选项栏中各选项的含义如下。

- 自动选择：如果文档中包含多个图层或组，选中该复选框后，在右侧的下拉列表框中选择“组”选项，表示使用移动工具在文档中单击时，可以自动选择图层所在的图层组；选择“图层”选项，表示使用移动工具在文档中单击时，可以自动选择工具下包含像素的最顶层的图层。
- 显示变换控件：选中该复选框后，选择一个对象时，会在图像对象四周出现定界框，可以拖动控制点对其进行变换操作，如图 1-46 所示。
- 对齐图层：如果选择了两个或两个以上的图层，可以单击相应的按钮将所选图层对齐，包括顶对齐、垂直居中对齐、底对齐、左对齐、水平居中对齐和右对齐。
- 分布图层：如果选择了三个或三个以上的图层，可以单击相应的按钮，使图层按照一定的规则分布，包括按顶分布、垂直居中分布、按底分布、按左分布、水平居中分布和按右分布。

图 1-46　显示变换控件

1) 在同一个文档中移动图像

选中移动工具后，在要移动的图像或选区内拖动鼠标，即可移动图像的位置。使用移动工具移动图像时，按住 Alt 键在同一个文档中拖动图像，可以复制图像，同时生成一个新的图层。

2) 在不同的文档之间移动图像

打开多个文档时，若要将当前文档移动至其他文档中，只需选择移动工具，将鼠标指针放在当前文档中，拖动鼠标至另一个文档的标题栏，停留片刻，切换到该文档，再拖动鼠标至画面中并释放鼠标即可。

在移动图像时，按住 Shift 键可以确保图像沿水平、垂直或 45° 的倍数方向上移动。

使用移动工具时，也可以利用键盘上的方向键来实现轻微移动，每按一次可以将对象移动一个像素的距离；在按住 Shift 键的同时按方向键，每次可以移动 10 个像素的距离。

9. 变换图像

变换命令组.mp4

在图像处理过程中经常需要对图像进行变换操作，从而使图像的大小、方向、形状或透视符合作图要求。

除了在使用移动工具时通过勾选“显示变换控件”复选框来变换图像之外，还可以执行“编辑”|“自由变换”命令或按 Ctrl+T 快捷键，或执行“编辑”|“变换”命令来完成对图像的变换。变换命令的选项栏如图 1-47 所示。

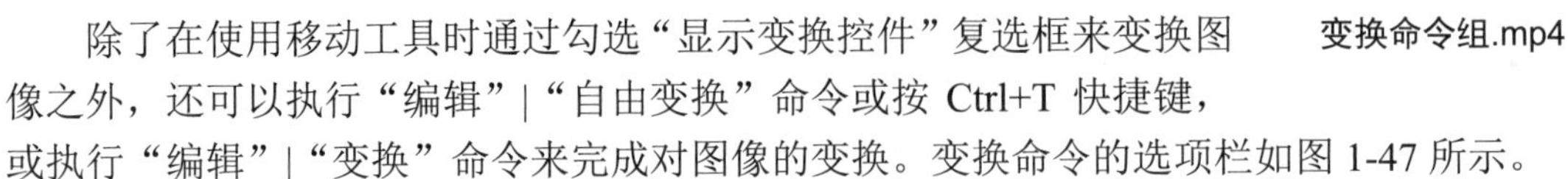

图 1-47　变换命令选项栏

变换命令选项栏中各选项的含义如下。

- ：黑色实心的方框为变换的中心点，单击方框可以完成中心点的修改。
- X：在该文本框中输入数值，可以水平移动对象。
- Y：在该文本框中输入数值，可以垂直移动对象。
- W：在该文本框中输入数值，可以水平拉伸对象。
- H：在该文本框中输入数值，可以垂直拉伸对象。如果单击 W 和 H 选项中间的图标，可以在缩放的同时锁定宽高比。
- ：在该文本框中输入数值，可以旋转对象。
- H：在该文本框中输入数值，可以水平旋转对象。
- V：在该文本框中输入数值，可以垂直旋转对象。

执行“编辑”|“变换”命令，在弹出的子菜单中包含了所有的变换命令，用户可以根据变换需求执行相应的命令，编辑完成后按 Enter 键即可。

10. 设置颜色

颜色设置.mp4

Photoshop 工具箱底部有一组前景色和背景色设置图标，前景色决定了使用的绘画工具、文字工具的颜色，背景色决定了使用橡皮擦工具时被擦除区域所呈现的颜色。

1) 修改前景色和背景色

在默认情况下，前景色为黑色，背景色为白色。单击设置前景色或设置背景色图标，可以打开“拾色器”对话框，如图 1-48 所示。

在“拾色器”对话框的色相条中可以选择颜色，在左侧的颜色范围窗口中单击，即可设置当前颜色，单击“确定”按钮后，前景色或背景色更改完毕。

2) “颜色”面板

执行“窗口”|“颜色”命令，可以打开“颜色”面板，如图 1-49 所示。

单击前景色或背景色图标，拖动 R、G、B 的滑块或直接在文本框中输入颜色值，即可改变前景色或背景色的颜色。让鼠标指针位于“颜色”面板底部的颜色条上，当鼠标指针变成吸管形状时，单击颜色条也可以设置颜色。

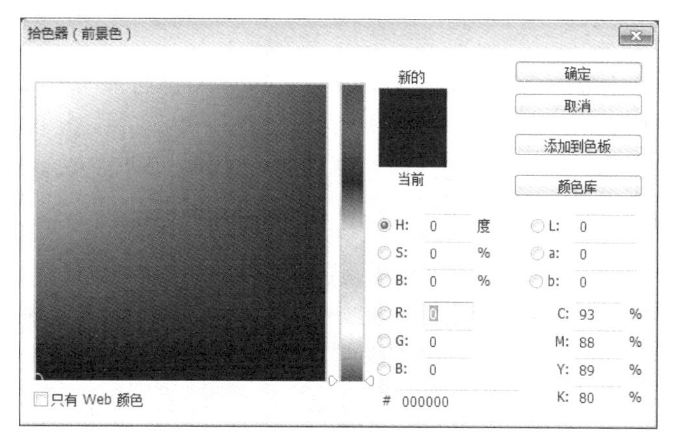

图 1-48　“拾色器”对话框

3) “色板”面板

执行“窗口”|“色板”命令，可以打开“色板”面板，如图 1-50 所示。

用吸管在某一颜色块上单击，即可设置前景色；按住 Ctrl 键单击某颜色块，即可设置背景色。

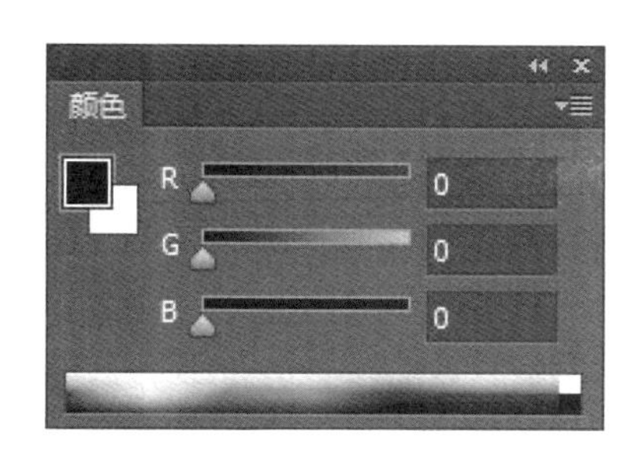

图 1-49　“颜色”面板

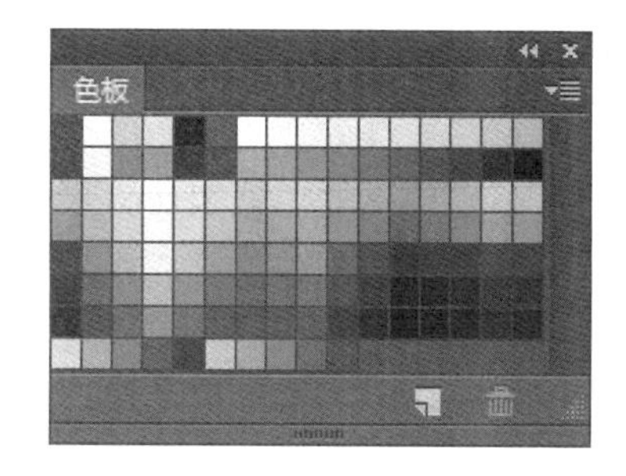

图 1-50　“色板”面板

4) 切换前景色和背景色

单击切换前景色和背景色图标，或者按 X 键，可以切换前景色和背景色的颜色。

5) 恢复为默认的前景色和背景色

修改了前景色和背景色之后，单击默认颜色图标，或按 D 键，可以将它们恢复为系统默认的颜色。

11. 恢复操作

Photoshop 提供了很多能帮助用户恢复操作的功能，利用它们，用户可以放心地进行创作。

1) 还原与重做

执行“编辑”|“还原”命令，或按 Ctrl+Z 快捷键，可以撤销对图像所做的最后一步操作。执行“编辑”|“重做”命令，或按 Shift+Ctrl+Z 组合键，可以取消刚才的还原操作。

2) 前进一步与后退一步

如果要连续还原多步操作，可以连续执行“编辑”|“后退一步”命令，或连续按 Alt+Ctrl+Z 组合键。如果要取消还原，可以连续执行“编辑”|“前进一步”命令，或连续按 Shift+Ctrl+Z 组合键。

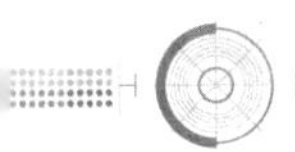

3) 恢复文件

执行“文件”|“恢复”命令，可以直接将文件恢复到最后一次保存时的状态。

4) “历史记录”面板

用户对图像进行的所有操作步骤，都会记录在“历史记录”面板中。执行“窗口”|“历史记录”命令，可以打开“历史记录”面板，如图 1-51 所示。

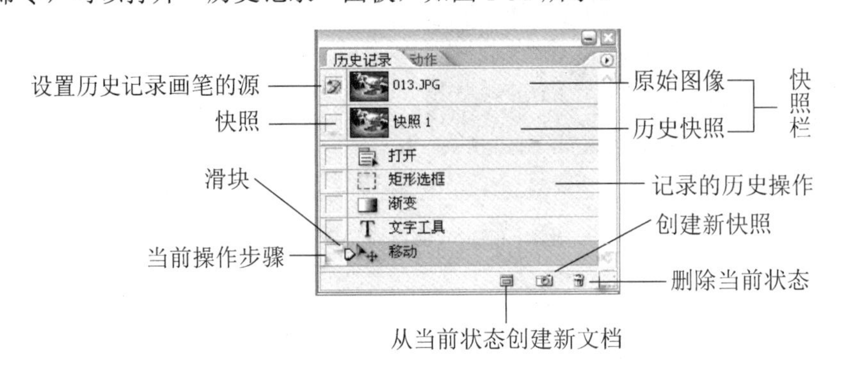

图 1-51 “历史记录”面板

“历史记录”面板中各选项的含义如下。

- 设置历史记录画笔的源：该图标所在的位置将作为历史记录画笔的源图像。
- 快照：记录创建快照的图像状态。
- 当前操作步骤：将图像恢复到该命令的编辑状态。
- 从当前状态创建新文档：单击该按钮，可以基于当前步骤中图像的状态创建一个新的文件。
- 创建新快照：单击该按钮，可以基于当前步骤中图像的状态创建快照。
- 删除当前状态：选择一个操作步骤后，单击该按钮，可以删除该步骤及其后的步骤；也可以将选中的步骤拖动至该按钮进行删除。

“历史记录”面板中只能保存 20 步操作，执行“编辑”|“首选项”|“性能”命令，在打开的对话框中找到“历史记录状态”选项，修改保存数目即可，数目越大，占用的内存就越多。

用户可以充分利用“快照”功能，及时将图像保存为快照，因此，不论以后进行了多少步操作，只要单击快照即可将图像恢复为快照所记录的效果。

三、Photoshop 的应用领域

Photoshop 是世界上最优秀的图像编辑软件之一，它的应用领域十分广泛。不论是平面设计、3D 动画、数码艺术、网页制作、矢量绘图、多媒体制作还是桌面排版，Photoshop 在每一个领域都发挥着不可替代的重要作用。

1. 在平面设计中的应用

平面设计是 Photoshop 应用最广泛的领域，包括平面广告、产品包装、海报招贴、POP、书籍装帧、DM 单设计及印刷制版等，如图 1-52 所示。

图 1-52 海报设计

2. 在插画设计中的应用

电脑插画作为 IT 时代的先锋视觉表达艺术之一，已经成为新文化群体表达文化意识的重要形式，使用 Photoshop 的绘画和调色功能可以制作出风格多样的插画，如图 1-53 和图 1-54 所示。

图 1-53 装饰插画

图 1-54　动漫插画

3. 在界面设计中的应用

界面设计伴随着计算机、网络和智能电子产品的普及而迅猛发展，涵盖了软件界面、游戏界面、手机操作界面、智能家电界面等多个领域。界面设计与制作主要是利用 Photoshop 来完成的，使用 Photoshop 的渐变、图层样式和滤镜等功能，可以创造出各种真实的质感和特效，如图 1-55 和图 1-56 所示。

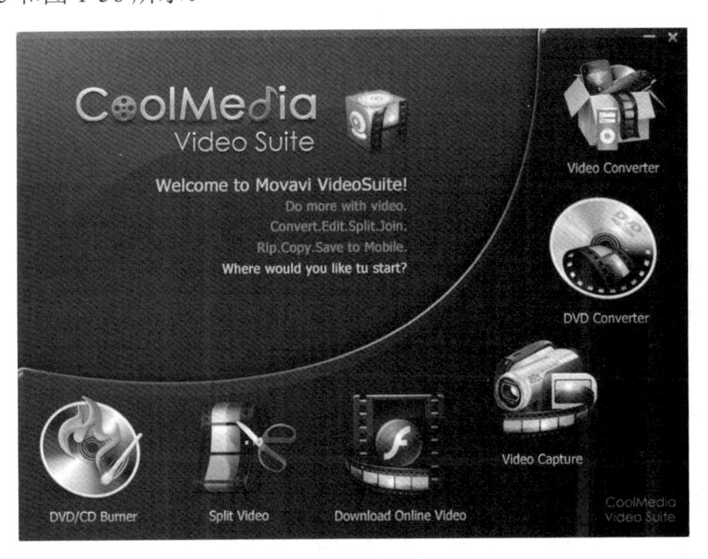

图 1-55　软件界面

4. 在网页设计中的应用

Photoshop 可用于设计与制作网页页面，将制作好的页面导入到 Dreamweaver 中进行处理，再用 Flash 添加动画内容，便能生成互动性的网站页面，如图 1-57 所示。

5. 在数码照片与图像合成中的应用

Photoshop 强大的图像编辑功能，使我们可以自由地进行修改、合成和再加工，制作出充满想象力的作品，如图 1-58 和图 1-59 所示。

图 1-56　操作界面

图 1-57　个性网站

图 1-58　照片合成(1)

图 1-59　照片合成(2)

6. 在动画与 CG 设计中的应用

Photoshop 可用于制作 3ds Max、Maya 等三维软件中的人物皮肤贴图、场景贴图和各种质感的材质，不仅效果逼真，同时还能节省动画渲染的时间，如图 1-60 所示。

图 1-60　动画效果图

此外，Photoshop 还常用来绘制各种风格的 CG 艺术作品，如图 1-61 所示。

图 1-61　CG 效果图

7. 在效果图后期制作中的应用

在制作建筑效果图的过程中包括多个三维场景。渲染出的图片通常需要在 Photoshop 中进行后期处理，以便添加人物、天空、景观等元素。在 Photoshop 中，甚至能获得三维软件无法获得的逼真贴图，这不仅节省了渲染时间，而且还提升了画面的美感，如图 1-62 和图 1-63 所示。

图 1-62　效果图(1)

图 1-63　效果图(2)

【任务实践】

明信片制作思路.mp4

(1) 执行“文件”|“新建”命令，弹出“新建”对话框，设置“名称”为“明信片”、“宽度”为 800 像素、“高度”为 450 像素、“分辨率”为 72 像素/英寸、“颜色模式”为“RGB 颜色”，单击“确定”按钮后完成新建文件操作，如图 1-64 所示。

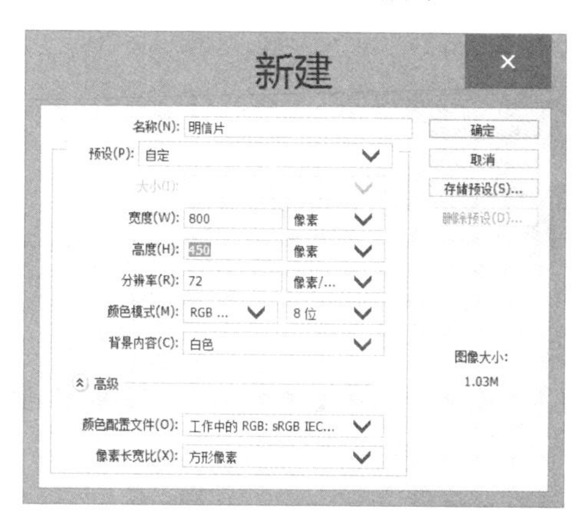

图 1-64　“新建”对话框

(2) 执行“文件”|“打开”命令，弹出“打开文件”对话框，找到“配套素材文件\项目一”文件夹，打开素材文件 1-3.psd，使用移动工具将文件内容拖动到“明信片”文件的左上角，效果如图 1-65 所示。

(3) 执行“文件”|“打开”命令，弹出“打开文件”对话框，找到“配套素材文件\项目一”文件夹，打开素材文件 1-4.psd，然后使用移动工具将文件内容拖动到“明信片”文件中。

(4) 按 Ctrl+T 快捷键，对图像添加自由变换边框，按住 Shift 键，单击边框左上角，向内侧拖动以缩小图片，双击鼠标结束变换，将素材移动到明信片文件的左下角，效果如图 1-66 所示。

(5) 在工具箱中选择直排文字工具，设置字体为“叶友根毛笔行书 2.0 版”、字号为 36，在文件左下方单击，输入文字“喜鹊蹬枝”，效果如图 1-67 所示。

图 1-65　效果图(1)

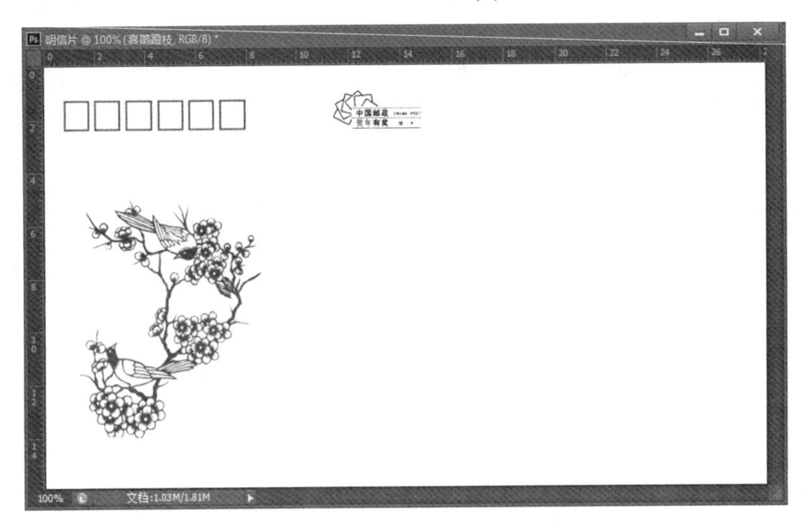

图 1-66　效果图(2)

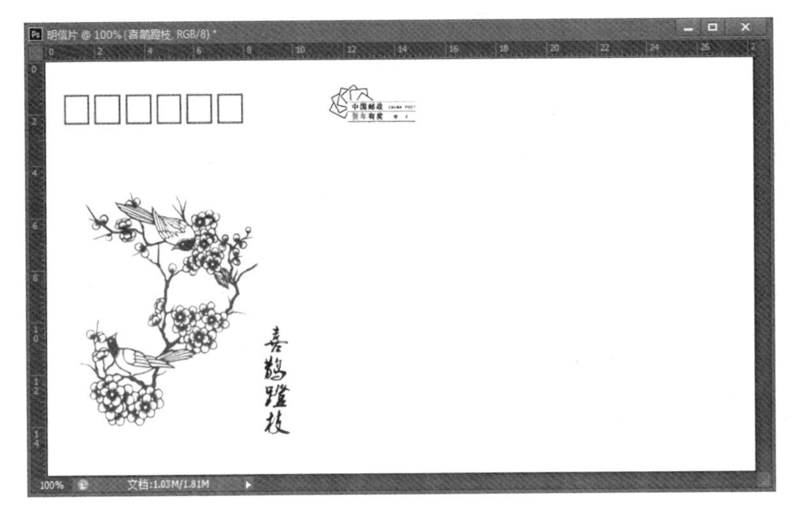

图 1-67　效果图(3)

(6) 执行“文件”|“打开”命令，弹出“打开文件”对话框，找到“配套素材文件\项目一”文件夹，打开素材文件 1-5.psd，使用移动工具将文件内容拖动到“明信片”文件的右上角，效果如图 1-68 所示。

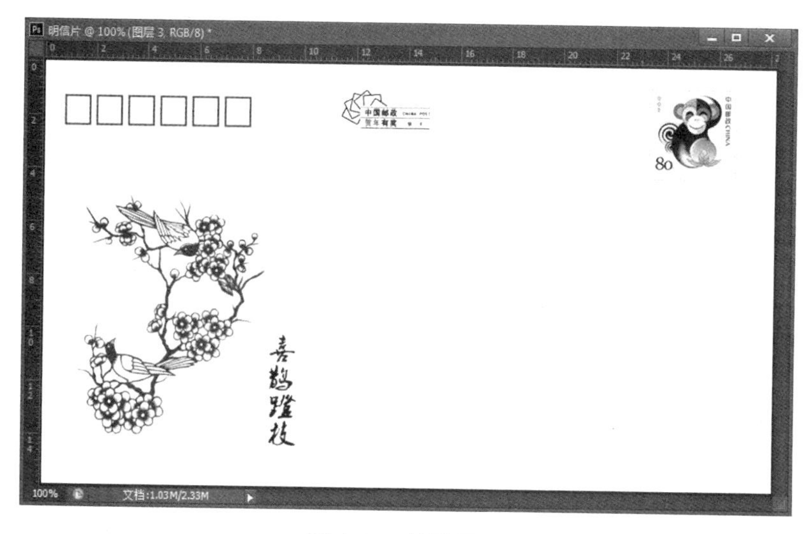

图 1-68 效果图(4)

(7) 在工具箱中选择画笔工具，设置笔尖大小为 4 像素，按住 Shift 键，在文件中部按下鼠标左键并向右侧拖动鼠标，绘制一条直线，效果如图 1-69 所示。

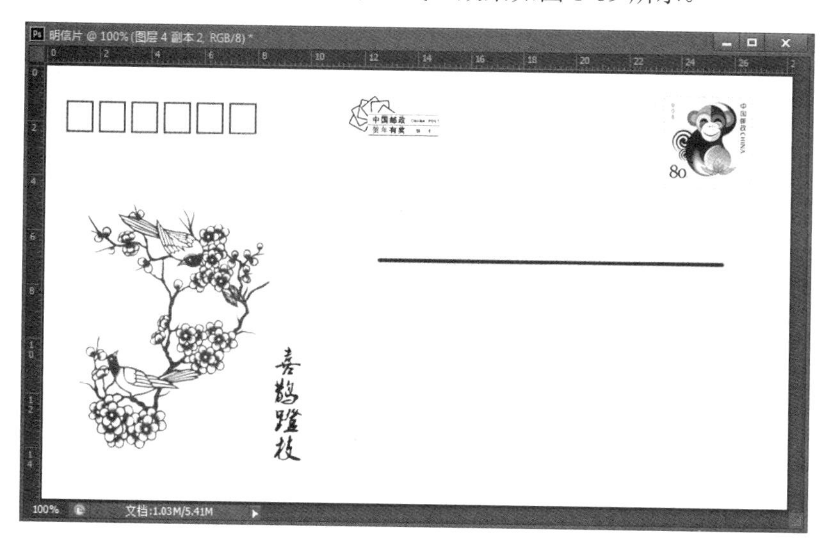

图 1-69 效果图(5)

(8) 重复执行步骤(7)，再绘制两条直线，效果如图 1-70 所示。

(9) 执行“文件”|“打开”命令，弹出“打开文件”对话框，找到“配套素材文件\项目一”文件夹，打开素材文件 1-6.psd，使用移动工具将文件内容拖动到“明信片”文件的右下角，完成明信片的制作，效果如图 1-71 所示。

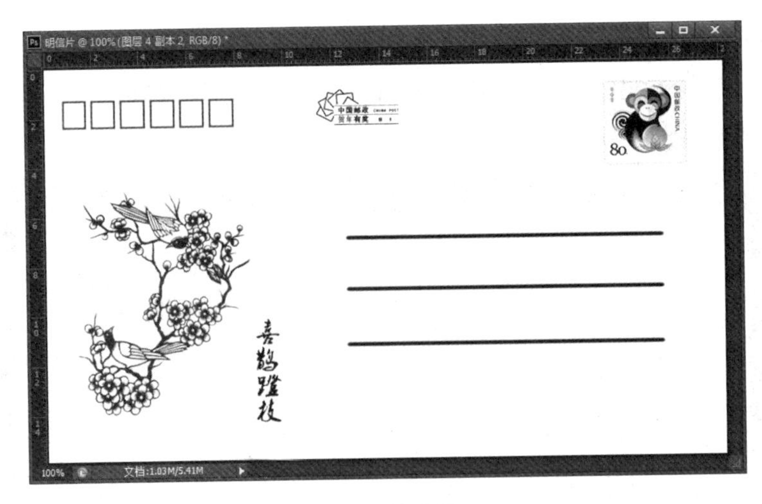

图 1-70　效果图(6)

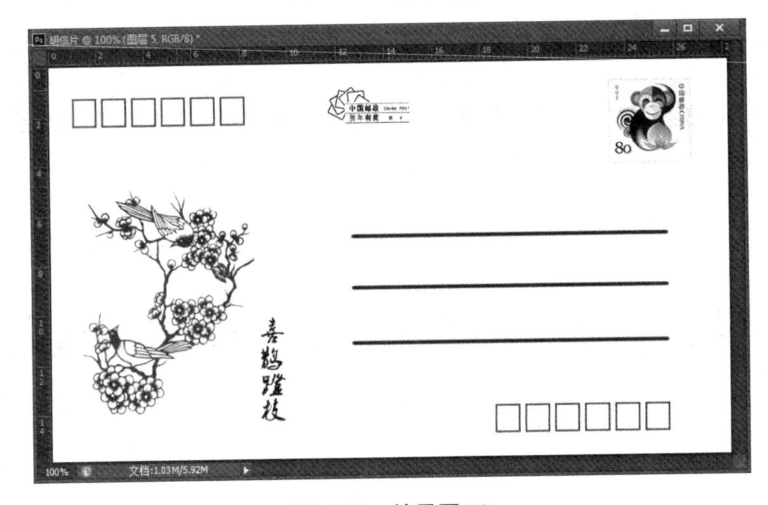

图 1-71　效果图(7)

上机实训　设计制作京剧形象展板

1. 实训背景

京剧是中华民族的国粹，也是中国传统文化的重要组成部分。本实训以京剧为主题，旨在制作展示国粹京剧形象的展板。

2. 实训内容和要求

本实训的目标是制作一个国粹京剧的形象展板，具体要求如下：把图像平均分割为 9 个部分，在第一排的左上角两个单元格中放置文字主题，其余部分则放置京剧图片。在实训过程中，要利用 Photoshop 中的标尺、参考线等辅助工具来完成制作。

3. 实训步骤

(1) 运用标尺、参考线把图像平均分割为 9 个部分。

(2) 沿参考线绘制加粗直线。

(3) 利用移动工具将脸谱拖入相应的框内。
(4) 在第一排的左上角两个单元格中放置文字主题。
(5) 使用对齐命令对齐各个图层的内容。

4. 实训素材及效果

实训素材及效果如图 1-72 所示。

图 1-72 效果参考图

技能点测试

职业技能要求：能根据网页端、客户端、移动端等不同应用环境的特定需求，输出相应分辨率、尺寸和格式的图片。

习 题

1. 下列(　　)工具不属于辅助工具。
   A. 参考线和网格线　　B. 标尺和度量工具
   C. 画笔和铅笔工具　　D. 缩放工具和抓手工具
2. 以下(　　)不是颜色模式。
   A. RGB　　B. Lab　　C. HSB　　D. 双色调
3. 构成位图图像的最基本单位是(　　)。
   A. 颜色　　B. 像素　　C. 通道　　D. 图层

4. 文档窗口标题栏中显示的.tif 和.psd 所代表的是(　　)。
   A. 文件格式　　B. 分辨率　　C. 颜色模式　　D. 文件名
5. 下列(　　)格式大量用于网页中的图像制作。
   A. EPS　　B. DCS 2.0　　C. TIFF　　D. JPEG
6. 在 Photoshop 中，渐变工具有(　　)种渐变形式。
   A. 3　　B. 4　　C. 5　　D. 6
7. Photoshop 图像分辨率的单位是(　　)。
   A. dpi　　B. ppi　　C. lpi　　D. pixel
8. 在移动图像的同时按(　　)键，可以水平、垂直方向移动图像。
   A. Ctrl+C　　B. Ctrl　　C. Shift　　D. Alt
9. Photoshop 默认的文件格式是(　　)。
   A. BMP　　B. GIF　　C. JPG　　D. PSD
10. 下面关于分辨率的说法中，正确的是(　　)。
   A. 缩放图像可以改变图像的分辨率
   B. 只降低分辨率，不改变像素数
   C. 同一图像中不同图层的分辨率一定不同
   D. 同一图像中不同图层的分辨率一定相同
11. Photoshop 的当前状态为全屏显示，而且未显示工具箱及任何调板，在此情况下，按(　　)键，能够使其恢复为显示工具箱、调板及标题条的正常工作显示状态。
   A. 先按 F 键，再按 Tab 键
   B. 先按 Tab 键，再按 F 键，但顺序绝对不可以颠倒
   C. 先按两次 F 键，再按两次 Tab 键
   D. 先按 Ctrl+Shift+F 组合键，再按 Tab 键
12. 在 Photoshop 中，快速切换工具箱前景色和背景色的快捷键是(　　)。
   A. Ctrl+D 快捷键　　B. Ctrl+S 快捷键
   C. Ctrl+T 快捷键　　D. X 键
13. 图像的变换操作是 Photoshop 图像处理的常用操作之一，下列(　　)命令可以一次性实现图像多种变换效果。
   A. “画布大小”　　B. “变换选区”
   C. “自由变换”　　D. “图像大小”
14. Photoshop 提供的浮动控制面板多达十几个，其主要作用是控制各种工具的参数设置，按键盘中的(　　)键，可以快速显示或隐藏这些控制面板。
   A. Tab　　B. Alt+Tab　　C. Shift+Tab　　D. Ctrl+Tab
15. 应用移动工具移动图像时按住(　　)键，可以在移动的同时将选区内图像复制一份。
   A. Shift　　B. Ctrl　　C. Alt　　D. Alt+Ctrl

项目二

商场 DM 单制作——图像选取与填充

【项目导入】

DM 单是一种灵活方便的邮寄广告媒体，在推销各类产品的同时还能展示、宣传企业信息，被广泛应用于产品销售、企业公关、广告文案等多个领域。本项目将为一家百货公司制作一款 DM 单。

【项目分析】

本项目使用创建选区的相关工具绘制选区，并使用渐变工具和油漆桶工具等绘制类工具完成图像填充，主要讲解 DM 单的组成要素、构图思路、版式布局技巧及制作流程。

【能力目标】

- 能够使用套索等工具创建选区，完成图像的选取工作。
- 能够使用绘制类工具完成选区的着色与填充。
- 能够使用选区运算命令完成选区的加减及相交运算。

【知识目标】

- 理解选区的作用。
- 掌握使用套索工具组、魔棒工具、快速选择工具创建选区的方法。
- 能够完成选区的加、减及相交等运算。
- 能够对选区进行变换操作。
- 能够使用油漆桶、渐变工具填充图像。
- 掌握定义图案、定义画笔的方法。

【素质目标】

- 通过非物质文化遗产宣传单项目制作，引导学生敬畏历史、敬畏文化、敬畏生态，关注非物质文化遗产的传承及保护工作。
- 通过邀请函制作过程提高学生的审美能力和艺术修养。

任务一　DM 单设计分析及背景制作

【知识储备】

一、DM 单设计分析

DM 单(Direct Mail Advertising)，直译为“直接邮寄广告”，它是一种主要通过邮寄、赠送等方式将宣传品直接送达消费者手中的信息传递方式。

DM 单是一种区别于传统广告刊载媒体(如报纸、电视、广播、网络等)的新型广告媒介载体。与其他媒体相比，DM 单的最大特点在于其可以将广告信息直接传达给广大受众，而其他媒体只能将广告信息广泛地传达给所有受众，缺乏针对性。

DM 单属于非轰动性广告，主要依靠自身优势、创意、设计、印刷质量和富有吸引力的语言来吸引目标受众，以期达到较好的信息传递效果。

DM 单的表现形式包括传单、宣传册、折页、请柬以及卡片等多种形式。在设计 DM 单版面时，应追求版面的平衡，注意文字和留白的编排，因为平衡效果好的版面能给人以美的感受。

不同类型的 DM 单在文字与图形的编排上各有特点。

1. 日用杂货类 DM 单

在设计日用杂货类 DM 单的版面时，文字通常采用大小标题的形式进行编排，在这类 DM 单中，文字应清晰，版面应保持整洁和规范。

2. 奢侈品 DM 单

奢侈品，如珠宝、化妆品、汽车等高端产品，其 DM 单的图片的编排可以根据版面的需要进行适当的剪裁，方形背景的图片给人以高级感；以方形图片为主的版面，适当添加或剪裁图片，可以展现出一种休闲感。

3. 食品 DM 单

食品 DM 单一般以食物照片为主要视觉元素。即使文字描述得再生动详细，也不如一张充满诱惑力的照片作用大。运用色彩鲜艳的照片，能够很好地吸引人们的注意力，并激发人们的食欲。

二、油漆桶工具

油漆桶工具.mp4

使用油漆桶工具，可以在图像中填充颜色或图案。它的填充范围是与鼠标单击处的像素相同或相近的像素区域。

在工具箱中选择“油漆桶工具”，其选项栏如图 2-1 所示。

图 2-1 油漆桶工具选项栏

油漆桶工具选项栏中各选项的含义如下。

- 填充类型：默认的填充类型为“前景”，可以在图像中填充当前的前景色；选择“图案”选项，此时右侧的“图案”下拉列表框被激活，可以打开图案预设面板，选择想要填充的图案。
- 模式：将当前图层与位于其下方的图层进行混合，从而产生另外一种图像显示效果，项目三中将详细介绍不同模式的具体作用。
- 不透明度：不透明度控制内容的显示程度，当不透明度为 100%时，填充的内容完全显示；当不透明度为 0 时，填充的内容完全隐藏。
- 容差：用于定义一个颜色相似度(基于用户所单击的像素颜色)，一个像素颜色必须达到此颜色相似度才会被填充。容差值的范围为 0 到 255，低容差会填充颜色值范围内与所单击像素非常相似的像素，容差值越高，填充的范围就越大。
- 消除锯齿：勾选该复选框，可以平滑填充选区的边缘，减少锯齿效应。
- 连续的：勾选该复选框，可以填充与所单击像素邻近的像素；若取消勾选，则填充图像中的所有颜色相似的像素。

1．填充前景色

在“拾色器”对话框中设置前景色，单击鼠标，即可使用油漆桶工具在图像或选区中填充颜色。

2．填充图案

在填充类型下拉列表框中选择“图案”选项，此时右侧的“图案”下拉列表框被激活，单击其中的下拉按钮，会弹出图案预设面板，如图 2-2 所示。

图 2-2　图案预设面板

单击面板中的填充菜单按钮，在弹出的菜单中，可以选择载入其他图案选项；Photoshop 也允许用户自定义图案。

自定义图案.mp4

3．自定义图案

执行“编辑”|“定义图案”命令，可以自定义图案。在图像中，使用矩形选框工具绘制选区，将要定义的图像选中，然后执行“编辑”|“定义图案”命令，即可创建自定义图案。在使用矩形选框工具时，应将羽化值设定为零。例如，利用如图 2-3 所示的“花朵.jpg”素材文件，结合“图像大小”命令与“定义图案”命令，就可以定义图案，然后填充背景，效果如图 2-4 所示。

图 2-3　“花朵.jpg”素材文件

图 2-4 自定义图案填充背景效果图

三、渐变工具

1. 渐变工具选项栏

渐变工具.mp4

使用渐变工具可以创建出多种颜色间的逐渐混合，产生逐渐变化的色彩。有选区时，渐变工具在选区内填充颜色；否则，渐变填充将应用于整个图层。

在工具箱中选择渐变工具，其选项栏如图 2-5 所示。

模式：正常　不透明度：100%　反向　仿色　透明区域

图 2-5 渐变工具选项栏

渐变工具选项栏中各选项的含义如下。

- 颜色框：颜色框显示当前的渐变色和渐变类型。单击其右侧的下拉按钮，可以弹出更多渐变缩略图，在其中可以选择一种渐变色进行填充。单击渐变菜单按钮，在弹出的菜单中可以选择载入其他渐变选项；Photoshop 也允许用户自定义渐变图案。
- 渐变样式：渐变工具有“线性渐变”“径向渐变”“角度渐变”“对称渐变”及“菱形渐变”5 种渐变类型。这 5 种渐变类型可以完成 5 种不同的渐变填充效果，其中默认的是“线性渐变”。这 5 种渐变样式的填充效果，如图 2-6 所示。

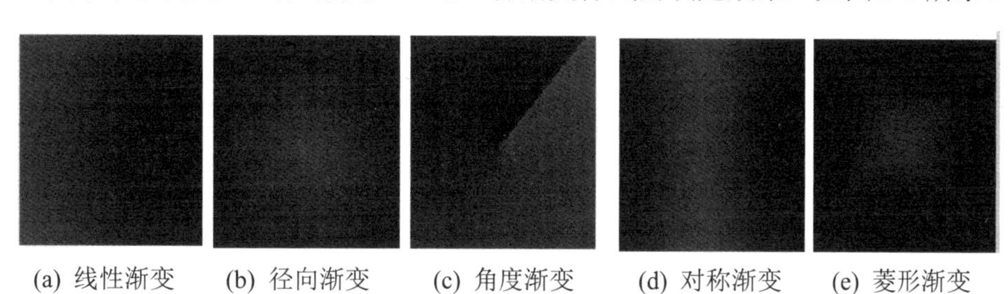

(a) 线性渐变　(b) 径向渐变　(c) 角度渐变　(d) 对称渐变　(e) 菱形渐变

图 2-6 5 种渐变样式的填充效果

- 反向：选中该选项，渐变颜色将与设置好的颜色顺序相反。

渐变编辑器.mp4

2. 自定义渐变

1) 渐变编辑器

单击渐变工具选项栏中的颜色框，会弹出“渐变编辑器”对话框，如图 2-7 所示。

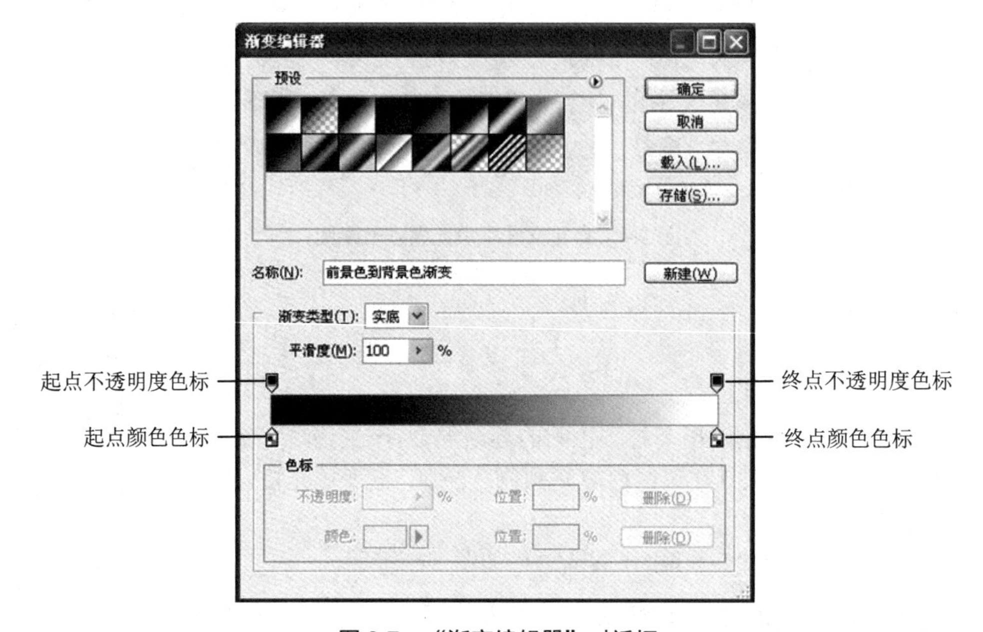

图 2-7 “渐变编辑器”对话框

“渐变编辑器”对话框中各选项的含义如下。

- 预设：在此处显示当前状态下所有渐变样式缩略图。
- 名称：在此文本框中显示选中渐变缩略图的文字名称。
- 不透明度色标：单击不透明度色标，“色标”选项组可用，可以设置色标的位置和不透明度。在起点与终点不透明度色标间的位置单击，可以添加不透明度色标。选中不透明度色标后单击“删除”按钮，可以删除不透明度色标。
- 颜色色标：单击颜色色标，“色标”选项组可用，可以设置色标显示的前景色和位置。在起点与终点颜色色标间的位置单击，可以添加颜色色标。选中颜色色标后单击“删除”按钮，可以删除颜色色标。

2) 应用及保存自定义渐变

在颜色条中添加色标完成设置后，单击“确定”按钮，即可使用当前设置的渐变颜色。如果要保存当前的渐变颜色，可以单击“新建”按钮，渐变颜色缩略图将添加到预设面板中。

四、图像填充命令

1. “填充”命令

执行“编辑”|“填充”命令，可以为选区或选中的图层填充颜色或图案。“填充”命

令与油漆桶工具填充的范围有所不同，油漆桶工具只能用于填充图像或选区中颜色相接近的区域部分，而“填充”命令则可以用于填充图像中的任意画面或选区部分。

图像的填充与描边.mp4

2. “描边”命令

使用“描边”命令可以在选区或图层周围绘制彩色边框。选择要描边的区域或图层，执行“编辑”|“描边”命令，会弹出“描边”对话框，如图 2-8 所示。

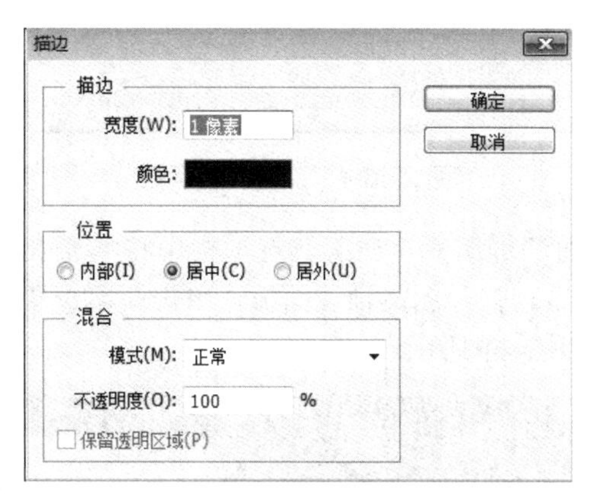

图 2-8 “描边”对话框

“描边”对话框中各选项的含义如下。

- 宽度：可以设置边框的宽度。
- 颜色：单击色块可以显示拾色器，在拾色器中可以选择要描边的颜色。
- 位置：可以指定在选区或图层边界的内部、外部还是中心描边。

为自行车选区添加描边后的效果如图 2-9 所示。

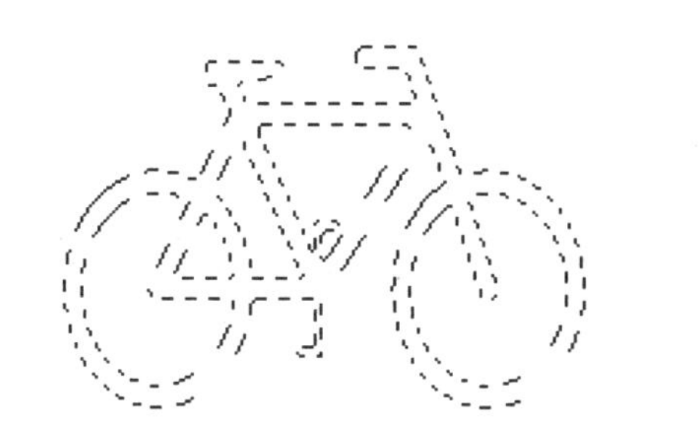

图 2-9 为自行车选区添加描边效果

【任务实践】

DM 单背景制作.mp4

(1) 执行“文件”|“新建”命令，弹出“新建”对话框，设置“宽度”为 300 像素、“高度”为 300 像素、“分辨率”为 72 像素/英寸、“颜色模式”为“RGB 颜色”，单击“确定”按钮后完成新建文件操作，如图 2-10 所示。

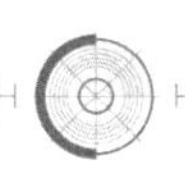

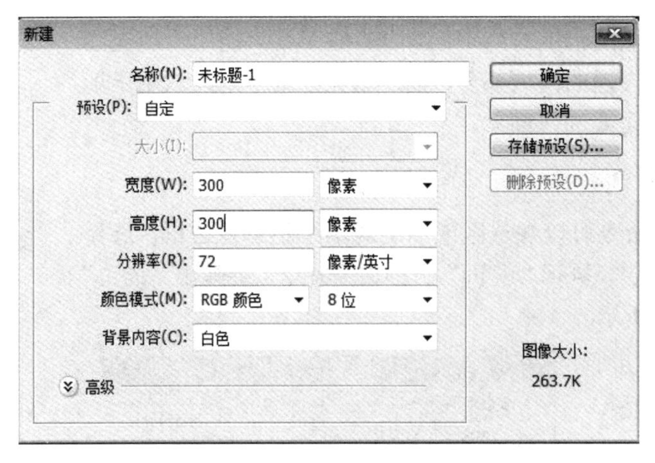

图 2-10 “新建”对话框

(2) 在工具箱中选择油漆桶工具，在工具选项栏中将填充类型设置为“图案”，此时“图案”下拉列表框被激活。打开图案预设面板，单击图案菜单按钮，在弹出的菜单中选择“小缩览图”命令，如图 2-11 所示。

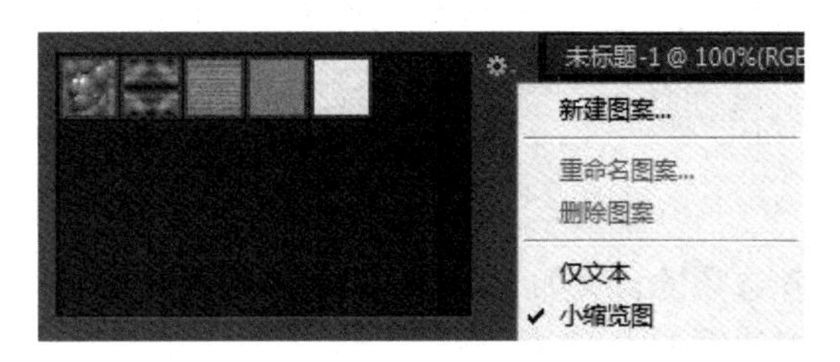

图 2-11 图案预设面板

(3) 在“图案”下拉列表框中选择“彩色纸”选项，会弹出提示对话框，如图 2-12 所示。

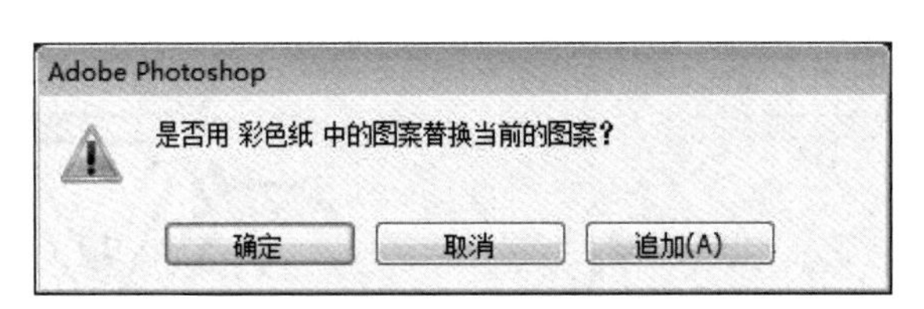

图 2-12 提示对话框

(4) 单击“追加”按钮，追加“彩色纸”图案组。

(5) 按住鼠标向下拖动垂直滚动条，执行“白色纹理纸”命令，在文件中单击鼠标填充图案，效果如图 2-13 所示。

(6) 选择矩形选框工具，拖动鼠标绘制一个矩形选区，效果如图 2-14 所示。

(7) 按 Ctrl+T 快捷键进入自由变换状态，在工具选项栏中设置旋转角度为 45°，双击鼠标，结束变换，按 Ctrl+D 快捷键取消选区，效果如图 2-15 所示。

(8) 选择矩形选框工具，在图案中心拖动鼠标绘制一个矩形选区，效果如图 2-16 所示。

(9) 执行“编辑”|“定义图案”命令，弹出“图案名称”对话框，图案默认名称为“图案 1”，单击“确定”按钮，完成自定义图案，关闭文件。

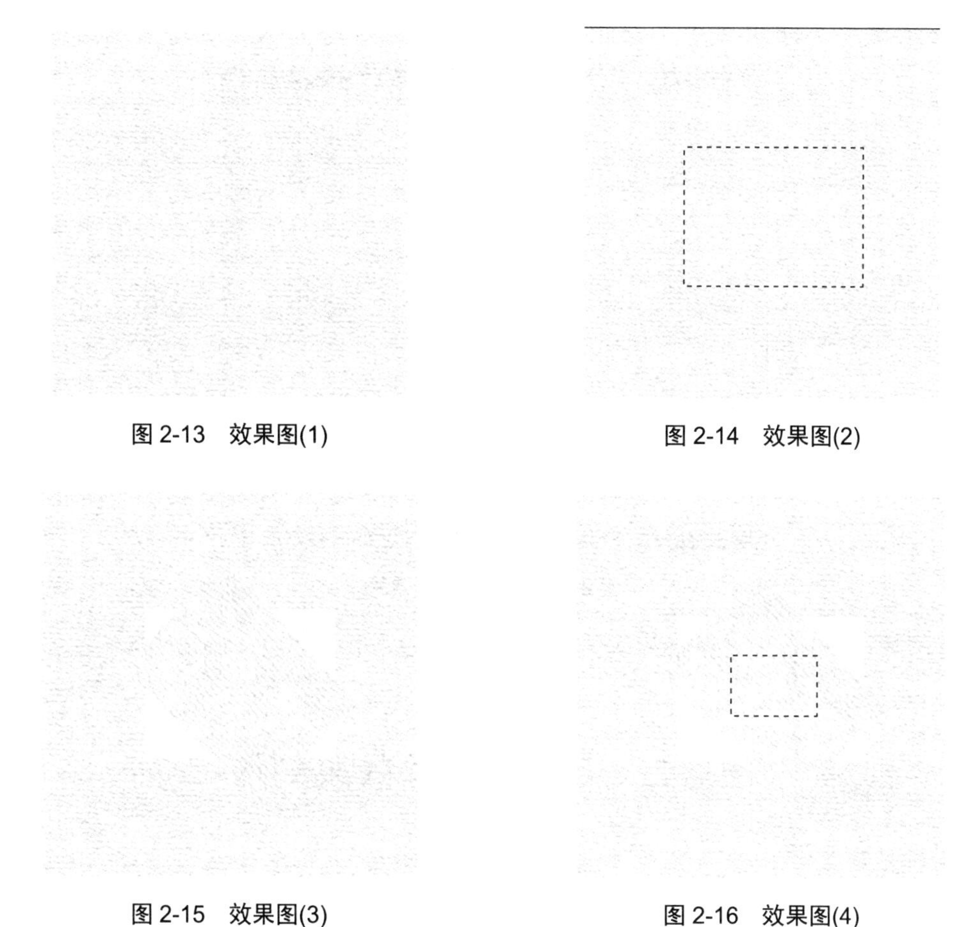

图 2-13　效果图(1)　　图 2-14　效果图(2)

图 2-15　效果图(3)　　图 2-16　效果图(4)

(10) 执行“文件”|“新建”命令，弹出“新建”对话框，设置“名称”为“DM 单”“宽度”为 550 像素、“高度”为 450 像素、“分辨率”为 72 像素/英寸、“颜色模式”为“RGB 颜色”，单击“确定”按钮后完成新建文件操作，如图 2-17 所示。

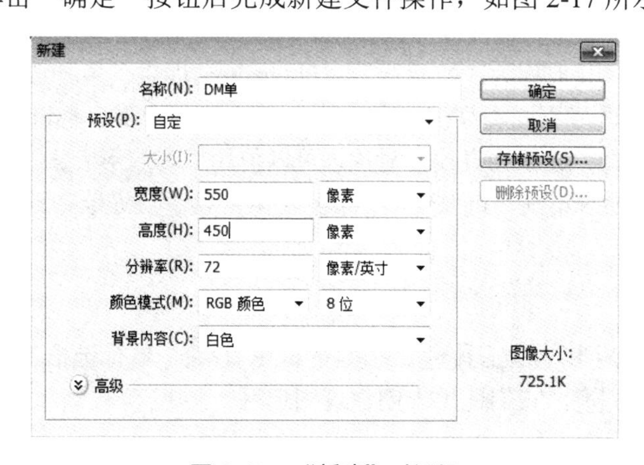

图 2-17　“新建”对话框

(11) 在工具箱中选择油漆桶工具，在工具选项栏中将填充类型设置为“图案”，在“图案”下拉列表框中选择“图案 1”选项，在文件中单击鼠标填充图案，完成 DM 单背景效果的制作，如图 2-18 所示。

图 2-18　DM 单背景效果

(12) 执行“文件”|“存储”命令，设置文件存储位置，单击“确定”按钮，完成文件的存储。

任务二　DM 单背面效果制作

【知识储备】

一、选区概述

选区是一个用来隔离图像的封闭区域，它可以将操作限定在选定的区域内。这样就可以对图像的局部进行处理，而选区外的图像将不会受到影响。如果没有创建选区，则编辑操作将影响整个图像。创建选区后，闪烁的选区边界就像沿着一个圆圈爬行的蚂蚁，因此在 Photoshop 中，选区又被称为“蚁行线”。Photoshop 提供了多种选择工具和选择命令，它们各有特点，适合选择不同类型的对象。例如，边缘为圆形、椭圆形和矩形的对象，可以使用选框工具来选择；边缘为直线的对象，可以使用“多边形套索工具”来选择；如果对选区的形状和准确度要求不高，可以使用“套索工具”徒手快速绘制选区。

二、选框工具组

选框工具组.mp4

选框工具组包括矩形选框工具、椭圆选框工具、单行选框工具和单列选框工具，它们适用于创建规则选区。

1. 矩形选框工具

矩形选框工具用于创建矩形和正方形选区。按住 Shift 键并拖动鼠标，可以绘制以按下鼠标左键位置为起点的正方形选区；按住 Alt 键并拖动鼠标，可以绘制以按下鼠标左键位置为中心的矩形选区，如图 2-19 所示；按住 Alt+Shift 快捷键并拖动鼠标，可以绘制以按下鼠标左键位置为中心的正方形选区，如图 2-20 所示。

图 2-19　矩形选区

图 2-20　正方形选区

矩形选框工具选项栏如图 2-21 所示。

图 2-21　矩形选框工具选项栏

矩形选框工具选项栏中各选项的含义如下。

- 羽化：用于设置选区的羽化范围。
- 样式：用于设置选区的创建方法。选择“正常”选项，可以通过拖动鼠标创建任意大小的选区；选择“固定比例”选项，可以在选项栏右侧的“宽度”和“高度”文本框中输入数值，创建固定比例的选区；选择“固定大小”选项，可以在“宽度”和“高度”文本框中输入选区的宽度和高度值，只需在画面中单击，即可创建固定大小的选区。
- 调整边缘：单击该按钮，可以打开“调整边缘”对话框，进行选区平滑、羽化等处理。

2. 椭圆选框工具

椭圆选框工具用于创建椭圆和圆形选区。按住 Shift 键拖动鼠标，可以绘制以按下鼠标左键位置为起点的圆形选区；按住 Alt 键拖动鼠标，可以绘制以按下鼠标左键位置为中心的椭圆选区，如图 2-22 所示；按住 Alt+Shift 快捷键拖动鼠标，可以绘制以按下鼠标左键位置为中心的圆形选区，如图 2-23 所示。

图 2-22　椭圆选区

图 2-23　圆形选区

椭圆选框工具选项栏如图 2-24 所示。

图 2-24　椭圆选框工具选项栏

椭圆选框工具与矩形选框工具的选项完全相同，只是该工具可以使用“消除锯齿”功能。在椭圆选框工具选项栏中选中“消除锯齿”复选框后，Photoshop 会在选区边缘一个 px(像素)宽的范围内添加与周围图像相近的颜色，使选区看上去很光滑，如图 2-25 所示。这项功能在剪切、复制和粘贴选区以合成图像时非常有用。

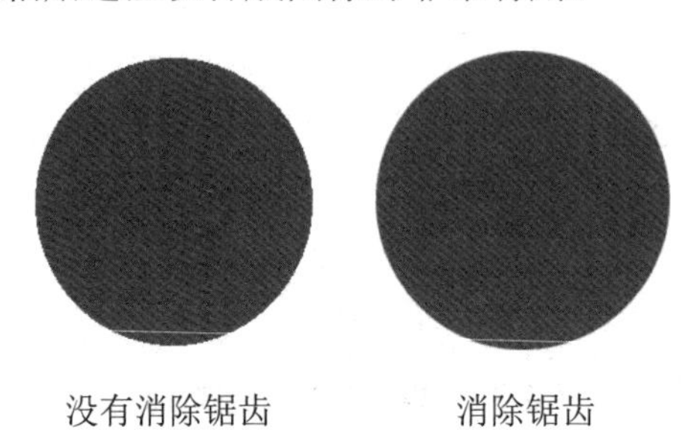

图 2-25　没有消除锯齿与消除锯齿效果对比

3. 单行选框工具和单列选框工具

使用单行选框工具或单列选框工具只能创建高度为 1px 的行或宽度为 1px 的列，可以用于制作网格，如图 2-26 所示。

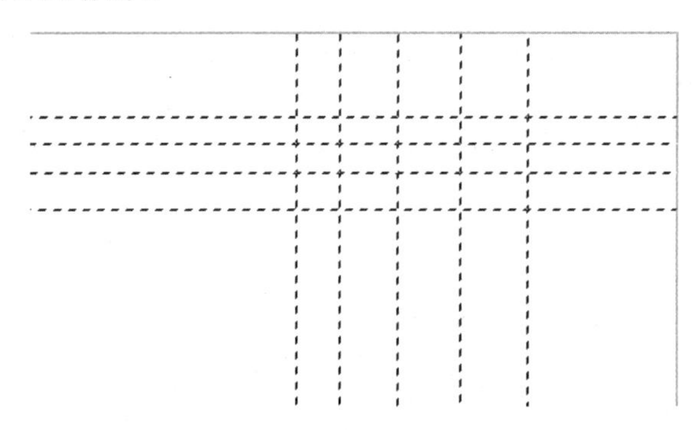

图 2-26　使用单行、单列选框工具制作网格

三、套索工具组

套索工具组.mp4

套索工具组包括套索工具、多边形套索工具、磁性套索工具，它们适用于创建各种不规则选区。

1. 套索工具

套索工具是一种使用灵活、形状自由的选区绘制工具，在图像轮廓边缘任意位置按下鼠标左键设置绘制的起点，拖动鼠标到任意位置后释放鼠标左键，即可创建出形状自由的选区，如图 2-27 所示。

2. 多边形套索工具

在图像轮廓边缘任意位置单击，设置绘制的起点，再移动光标到合适的位置，再次单击，设置转折点，直到光标与最初设置的起点重合(此时光标的下面多了一个小圆圈)，然后在重合点上单击，即可创建出选区，如图 2-28 所示。

图 2-27　套索工具绘制选区

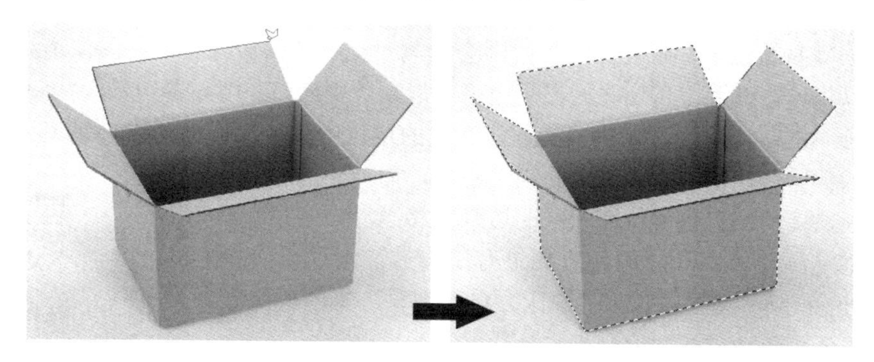

图 2-28　多边形套索工具绘制选区

按住 Shift 键，可以控制在水平、垂直或 45° 倍数的方向绘制线段，按住 Delete 键或者 Backspace 键可以逐步撤销已绘制的线段。

在使用多边形套索工具时，按住 Alt 键并拖动鼠标，可以切换为套索工具，放开 Alt 键可以恢复为多边形套索工具。

3. 磁性套索工具

磁性套索工具可以自动识别对象的边界。如果对象边缘较为清晰，并且与背景对比明显，可以使用该工具进行选择。

首先，在图像边缘单击以设置绘制的起点，然后沿图像的边缘移动光标，选区会自动吸附到对比最强烈的边缘，如果选区的边缘未能吸附到想要的图像边缘，可以通过单击添加一个锚点以确定吸附的位置，再继续移动光标，直到光标与最初设置的起点重合，再次单击以创建出选区，如图 2-29 所示。

在使用磁性套索工具绘制选区的过程中，按住 Alt 键，并在其他区域单击，可切换为多边形套索工具来创建直线选区；若按住 Alt 键并拖动鼠标，则可切换为套索工具。

图 2-30 所示为磁性套索工具选项栏。

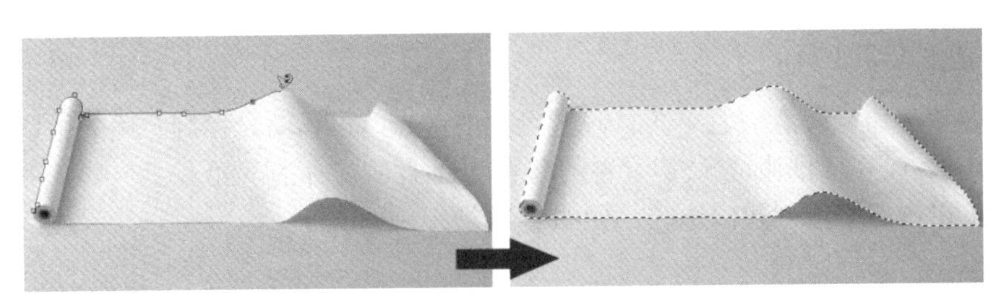

图 2-29　磁性套索工具绘制选区

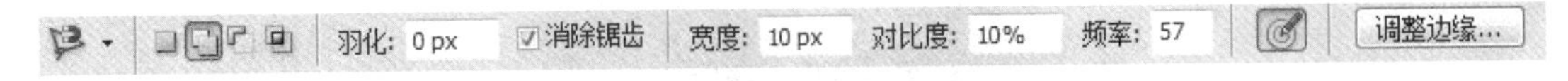

图 2-30　磁性套索工具选项栏

磁性套索工具选项栏中各选项的含义如下。

- 宽度：该值决定了以光标中心为基准，其周围有多少像素能够被工具检测到。如果对象边缘清晰，可以使用较大的宽度值；如果边缘不太清晰，则需要使用较小的宽度值。
- 对比度：用来设置工具感应图像边缘的灵敏度。较高的数值会检测与周围环境对比度高的边缘，而较低的数值则会检测对比度低的边缘。如果图像边缘清晰，可以将该值设置得高一些；如果边缘太清晰，则应将该值设置得低一些。
- 频率：在使用磁性套索工具创建选区的过程中会生成许多锚点，频率决定了锚点的数量。该值越高，生成的锚点越多，捕捉到的边界越准确，但过多的锚点也可能使选区的边缘不够光滑。
- 钢笔压力：计算机配置如果有压感笔，可以按下该按钮，Photoshop 会根据压感笔的压力自动调整工具的检测范围，增大压力可使边缘宽度减小。

魔棒工具.mp4

四、魔棒工具

快速选择工具.mp4

魔棒工具主要用于选择图像中面积较大的单色区域或相近的颜色。其使用方法非常简单，只需在要选择的颜色范围内单击，即可选中图像中与光标落点颜色相同或相近的区域，如图 2-31 所示。

魔棒工具选项栏如图 2-32 所示。

图 2-31　用魔棒工具创建选区

容差: 32 ☑消除锯齿 ☑连续 □对所有图层取样 调整边缘...

图 2-32 魔棒工具选项栏

魔棒工具选项栏中各选项的含义如下。

● 容差：用来设置系统选择颜色的范围，即选区允许的颜色容差值。该数值的可调整范围为 0～255。容差值越大，相应的选区也越大；容差值越小，相应的选区也越小，如图 2-33 所示。

(a) 容差为 30

(b) 容差为 60

(c) 容差为 100

图 2-33 不同容差值对应的选区范围

● 连续：勾选该复选框，则只选择颜色连接的区域，如图 2-34 所示；取消勾选该复选框，则可以选择与鼠标单击点颜色相近的区域，包括没有连接的区域，如图 2-35 所示。

图 2-34 勾选“连续”复选框

图 2-35 取消勾选“连续”复选框

五、选区的基本操作

1. 全选与反选

执行“选择”|“全部”命令，或按 Ctrl+A 快捷键，可以选择当前文档边界内的全部图像，如图 2-36 所示；如果需要复制整个图像，可以先执行该命令，再按 Ctrl+C 快捷键进行复制。

创建选区之后，执行“选择”|“反向”命令，或按 Shift+Ctrl+I 组合键反向选择选区，即选择图像中未被选中的部分，如图 2-37 和图 2-38 所示。

2. 取消选择与重新选择

创建选区后，执行“选择”|“取消选择”命令，或按 Ctrl+D 快捷键，可以取消选择。如果要恢复被取消的选区，可以执行“选择”|“重新选择”命令。

图 2-36　全选图像

图 2-37　初始选区

图 2-38　反向选择选区

3. 选区的运算

选区的运算.mp4

如果图像中已经创建了选区，结合使用选区运算按钮以及选框工具、套索工具和魔棒工具，可以使当前选区与新创建的选区进行运算，生成所需要的选区。例如，原始选区如图 2-39 所示，使用不同的选区运算按钮可以完成如下效果。

(1) 新建选区：按下该按钮后，新创建的选区会替换掉原有的选区。

(2) 添加到选区：按下该按钮后，可以在原有选区的基础上添加新的选区，如图 2-40 所示。

图 2-39　原始选区

图 2-40　添加新的选区

(3) 从选区中减去：按下该按钮后，可以在原有选区的基础上减去新创建的选区，如图 2-41 所示。

(4) 与选区交叉：按下该按钮后，新建选区时只保留原有选区与新创建的选区交叉的部分，如图 2-42 所示。

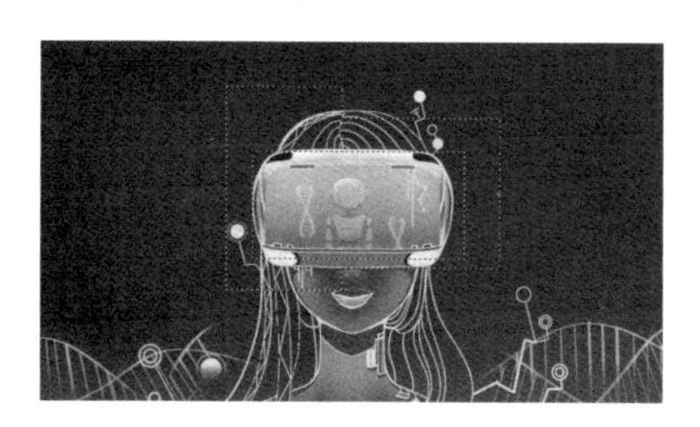

图 2-41 从选区中减去

图 2-42 选区交叉

使用快捷键也可以完成选区的运算，按住 Shift 键可以在当前选区上添加选区；按住 Alt 键可以在当前选区中减去绘制的选区；按住 Shift+Alt 快捷键则可以得到与当前选区交叉的选区。

4. 移动选区

(1) 创建选区时移动选区：使用矩形选框、椭圆选框工具创建选区时，在释放鼠标左键之前，按住空格键拖动鼠标。

(2) 创建选区后移动选区：创建完选区后，如果新选区按钮为按下状态，则在使用选框、套索工具和魔棒工具时，只要把光标放在选区内，按下鼠标左键并拖动鼠标即可，如图 2-43 所示。如果要轻微移动选区，也可以使用键盘中的方向键进行操作。

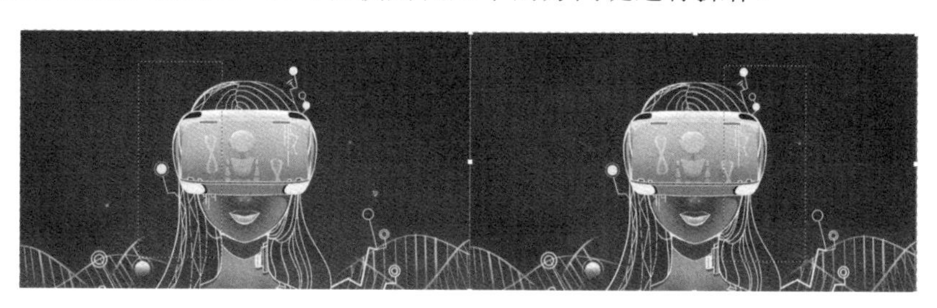

图 2-43 移动选区

5. 显示与隐藏选区

创建选区后，执行“视图”|“显示”|“选区边缘”命令，或者按 Ctrl+H 快捷键，可以隐藏选区。选区虽然看不见了，但它依然存在，并限定用户操作的有效区域。如果需要重新显示选区，可按 Ctrl+H 快捷键。

抠图技法比较.mp4

【任务实践】

DM 单背面效果制作.mp4

(1) 在 DM 单文件中，执行“视图”|“标尺”命令，单击左侧标尺并向中心拖动参考线，在图像的中央释放鼠标，效果如图 2-44 所示。

图 2-44　添加参考线

(2) 在工具箱中选择单列选框工具，在参考线的位置单击，创建一条直线选区，效果如图 2-45 所示。

图 2-45　效果图(1)

(3) 执行“编辑”|“描边”命令，弹出“描边”对话框，单击“确定”按钮，如图 2-46 所示。

(4) 按 Ctrl+D 快捷键，取消选区；按 Ctrl+H 快捷键，取消选择参考线，效果如图 2-47 所示。

(5) 执行“文件”|“打开”命令，弹出“打开文件”对话框，找到“配套素材文件\项目二”文件夹，打开 2-1.jpg 文件，如图 2-48 所示。

(6) 在工具箱中选择椭圆选框工具，按住 Shift 键用鼠标绘制一个圆形选区，选区效果如图 2-49 所示。

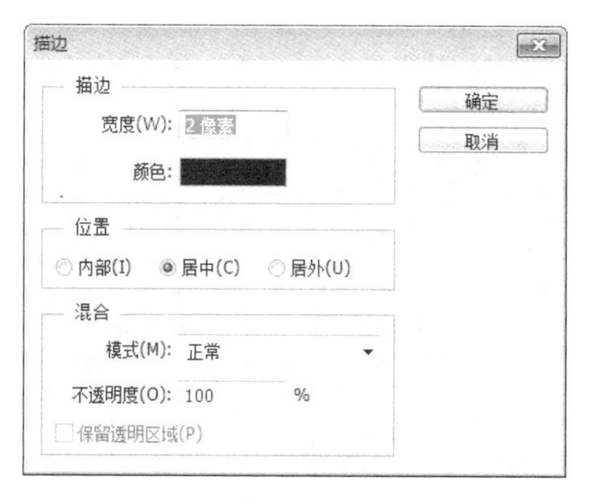

图 2-46　“描边”对话框

图 2-47　效果图(2)

图 2-48　效果图(3)

(7) 在工具箱中选择移动工具，在圆形选区内单击，拖动选区内容到“DM 单”文件中，效果如图 2-50 所示。

(8) 按 Ctrl+T 快捷键，对图层添加自由变换边框，按住 Shift 键，单击边框左上角，向内侧拖动以缩小图片，双击鼠标结束变换，将素材移动到文件的左上角，效果如图 2-51 所示。

图 2-49　效果图(4)

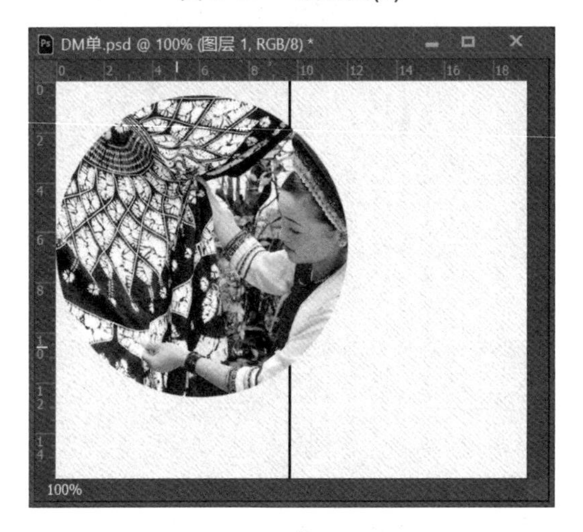

图 2-50　效果图(5)

图 2-51　效果图(6)

(9) 对素材 2-2.jpg、2-3.jpg、2-4.jpg 重复执行操作步骤(5)～(8)，效果如图 2-52 所示。

(10) 在工具箱中选择直排文字工具，设置字体为“黑体”、字号为 24、前景色为红色，在图片右上方单击鼠标，输入文字“白族扎染”，效果如图 2-53 所示。

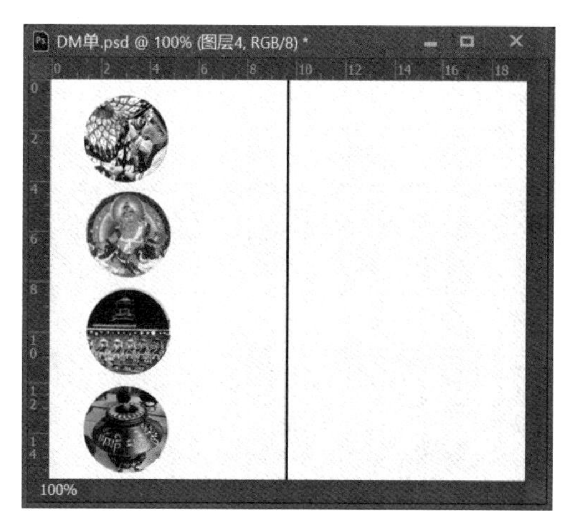

图 2-52　效果图(7)

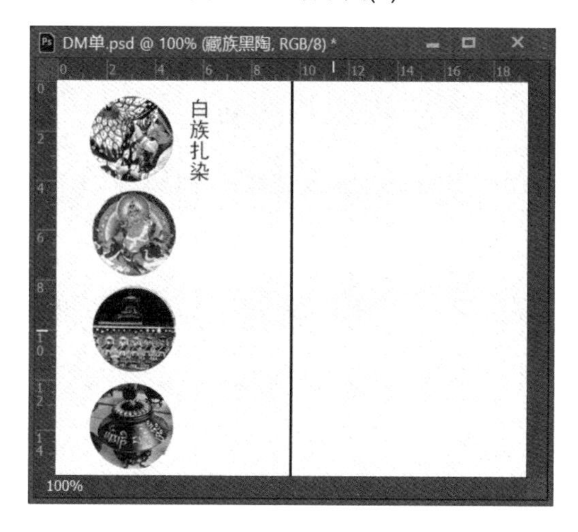

图 2-53　效果图(8)

(11) 按照步骤(10)重复输入“热贡艺术”“侗族大歌”“藏族黑陶”等文字，效果如图 2-54 所示。

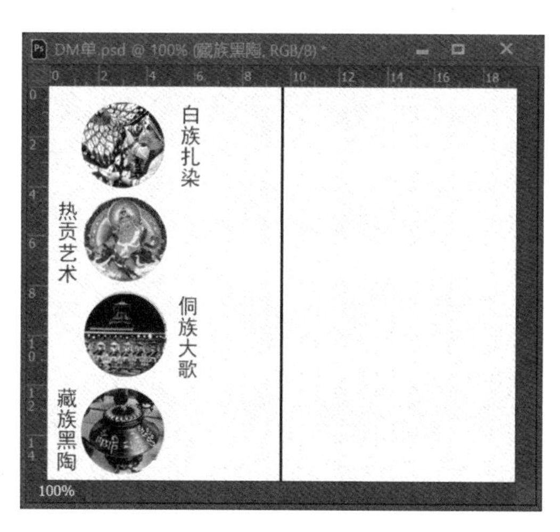

图 2-54　效果图(9)

(12) 执行“文件”|“打开”命令，弹出“打开文件”对话框，找到“配套素材文件\项目二”文件夹，打开 2-5.jpg 文件；在工具箱中选择移动工具，拖动鼠标将内容移动到“DM单”文件中，效果如图 2-55 所示。

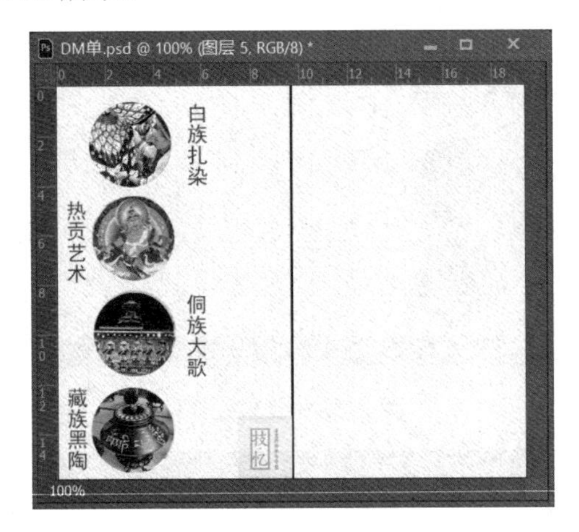

图 2-55　效果图(10)

(13) 执行“文件”|“存储”命令，设置文件存储位置，单击“确定”按钮，完成文件的存储。

任务三　DM 单正面效果制作

【知识储备】

一、画笔工具

画笔工具.mp4

1. 画笔工具选项栏

画笔工具是图像处理过程中使用较频繁的绘制工具，常用来绘制边缘较为柔软的线条，其效果类似于毛笔画出的线条，也可以绘制特殊形状的线条效果。

选择工具箱中的画笔工具，其选项栏如图 2-56 所示。

图 2-56　画笔工具选项栏

画笔工具选项栏中各选项的含义如下。

(1) 画笔笔尖：单击画笔笔尖下拉按钮，会弹出画笔笔尖面板，可以选择画笔笔尖的形状，更改笔尖大小以及硬度，如图 2-57 所示。

- 大小：此文本框用于设置画笔笔尖直径，数值范围为 1～2500 像素。
- 硬度：数值范围为 0～100%。硬度为 100%时，画笔称为硬边画笔，这类画笔绘制的线条不具有柔和的边缘；硬度为 0 时，画笔称为软画笔，这类画笔绘制的线条具有柔和的边缘。

(2) 模式：是指将当前图层与位于其下方的图层进行混合，从而产生另外一种图像的显示效果，本书项目三中将详细介绍不同模式的作用。

(3) 不透明度：不透明度决定内容显示的程度，当不透明度为100%时，填充的内容完全显示；当不透明度为0时，填充的内容完全隐藏。

(4) 流量：用于设置当光标移动到某个区域上方时应用颜色的速率。流量值越小，透明度越大；流量值越大，透明度越小。

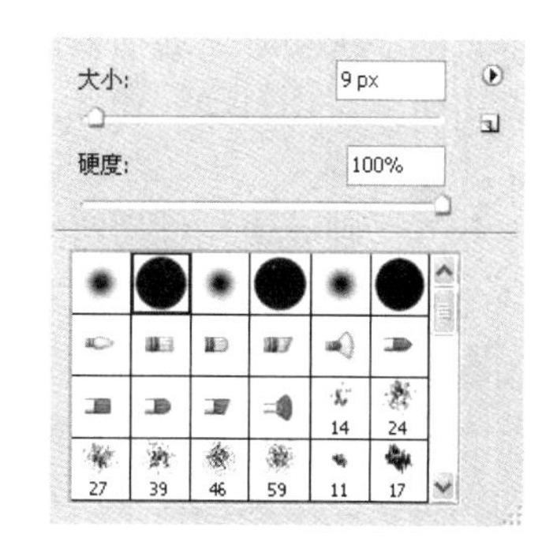

图 2-57　画笔笔尖面板

2. 画笔设置

在画笔工具选项栏中单击画笔设置按钮，会弹出“画笔”面板，通过设置其中的选项可以自定义画笔笔尖，画笔笔尖决定了画笔笔迹的形状、直径和其他特性。“画笔”面板如图2-58所示。

1) 画笔笔尖形状

在“画笔笔尖形状”选项设置界面中，“翻转 X”复选框用于改变画笔笔尖在其 X 轴上的方向，“翻转 Y”复选框用于改变画笔笔尖在其 Y 轴上的方向；“角度”文本框用于指定椭圆画笔的长轴从水平方向旋转的角度，可以直接输入度数，或者在预览框中拖移水平轴；“圆度”文本框用于指定画笔短轴和长轴的比率，可以直接输入百分比值，或者在预览框中拖移箭头。

2) 形状动态

如果要编辑形状动态的相关参数，可以选中“形状动态”复选框，将打开“形状动态”选项设置界面，如图2-59所示。

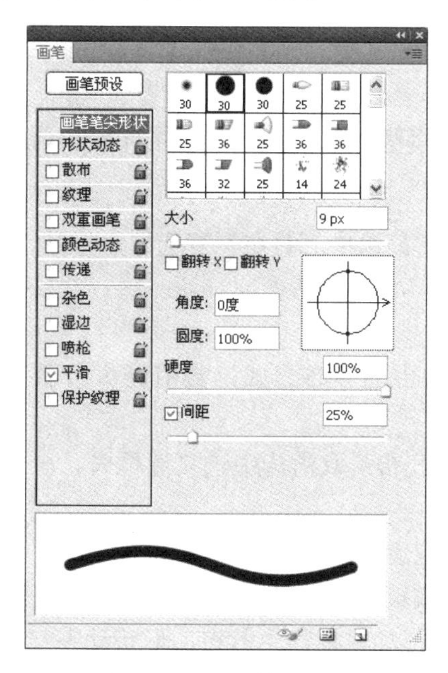

图 2-58　“画笔”面板

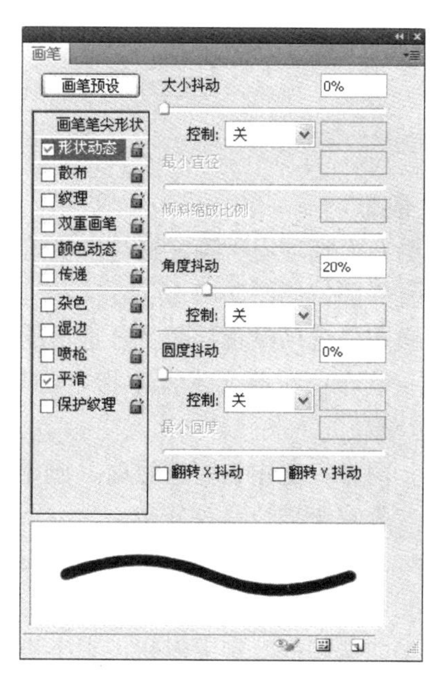

图 2-59　“形状动态”选项设置界面

“形状动态”选项设置界面中各选项的含义如下。

- 大小抖动：在此文本框中指定描边中画笔笔迹大小的改变方式。大小抖动的数值越大，抖动的效果就越明显，笔刷圆点间的大小反差就越大。抖动的数值如果为 0，则元素在描边路线中不改变；如果为 100%，则元素具有最大数量的随机性。
- 控制：在此下拉列表框中指定如何控制画笔笔迹的大小变化。选择“关”选项，表示不控制画笔笔迹的大小变化；选择“渐隐”选项，表示可以按照指定数量的步长在初始直径和最小直径之间渐隐画笔笔迹的大小，是指从大到小，或从多到少的变化过程，是一种状态的过渡；选择“钢笔压力”“钢笔斜度”或“光笔轮”选项，则可以基于钢笔压力、钢笔斜度或钢笔拇指轮位置，在初始直径和最小直径之间改变画笔笔迹的大小。
- 角度抖动：在此文本框中指定描边中画笔笔迹角度的改变方式。
- 圆度抖动：在此文本框中指定描边中画笔笔迹圆度的改变方式。

例如，选择直径为 35px 的硬笔刷，在“画笔”面板中设置“间距”为 135%，在“形状动态”选项设置界面中设置“大小抖动”为 80%，拖动笔刷，效果如图 2-60 所示。

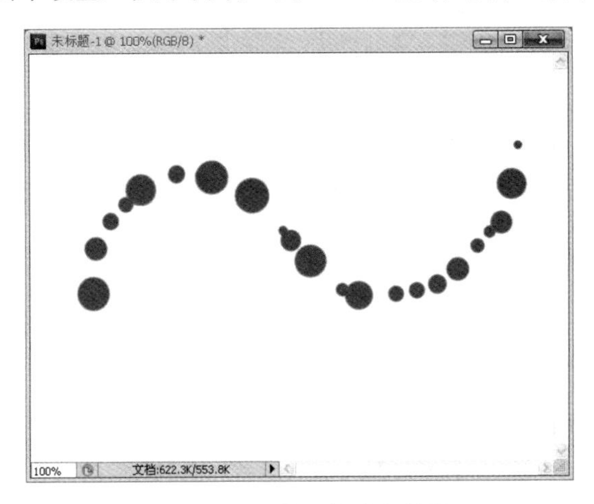

图 2-60 画笔形状动态效果

3) 散布

“散布”选项用于确定描边中笔迹的数目和位置。选中“散布”复选框，打开“散布”选项设置界面，如图 2-61 所示。

“散布”选项设置界面中各选项的含义如下。

- 散布：在此文本框中指定画笔笔迹在描边中的分布方式，数值越大，散布范围越广。
- 两轴：选中该复选框时，画笔笔迹按径向分布；取消选中该复选框时，画笔笔迹垂直于描边路径分布。
- 数量：在此文本框中指定在每个间距间隔应用的画笔笔迹数量。
- 数量抖动：在此文本框中指定画笔笔迹的数量如何针对各种间距间隔进行变化。

例如，选择枫叶笔尖形状，大小设置为 74px，拖动鼠标产生散布、形状动态与颜色动态效果，如图 2-62 所示。

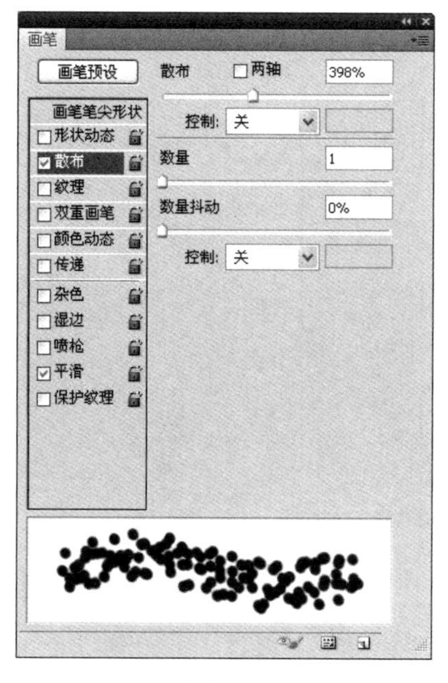

图 2-61 “散布”选项设置界面

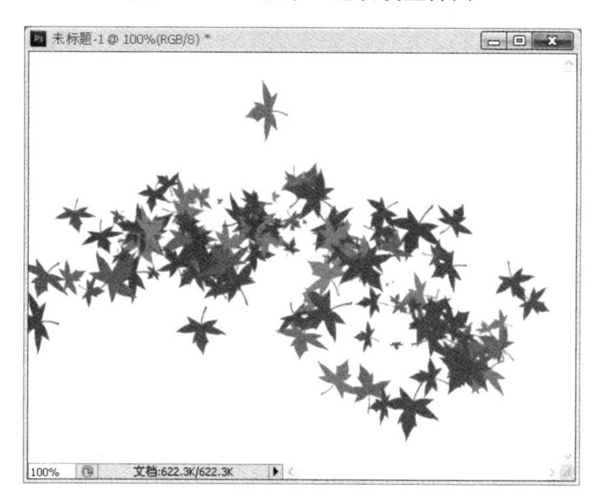

图 2-62 散布效果

4) 纹理

“纹理”选项用于为画笔的笔迹加上图案效果。

5) 双重画笔

“双重画笔”选项用于使用两个笔尖创建画笔笔迹，使绘制的笔触效果更加丰富多彩。

6) 颜色动态

“颜色动态”选项用于确定画笔笔迹颜色的变化方式，可以绘制出丰富的色彩图像。“颜色动态”选项设置界面如图 2-63 所示。

“颜色动态”选项设置界面中各选项的含义如下。

- 前景/背景抖动：在此文本框中指定前景色和背景色之间的色彩变化方式。
- 色相抖动：指定画笔笔迹中色相可以改变的百分比。较低的值会在改变色相的同时保持接近前景色的色相，较高的值会增大色相间的差异。

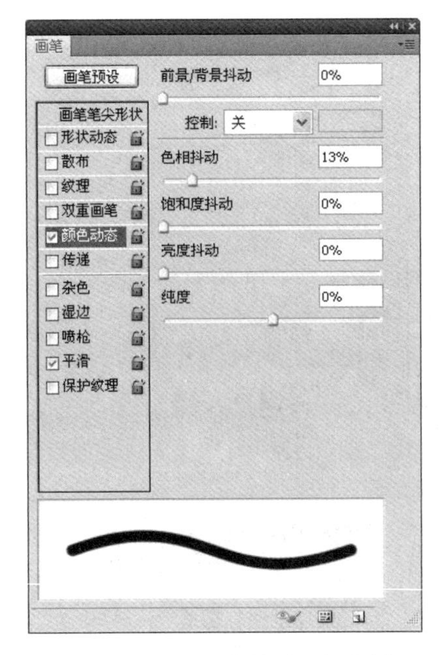

图 2-63　“颜色动态”选项设置界面

- 饱和度抖动：指定画笔笔迹中颜色饱和度可以改变的百分比。较低的值会在改变饱和度的同时保持接近前景色的饱和度，较高的值会增大饱和度级别之间的差异。
- 亮度抖动：指定画笔笔迹中颜色亮度可以改变的百分比。较低的值会在改变亮度的同时保持接近前景色的亮度，较高的值会增大亮度级别之间的差异。
- 纯度：增大或减小颜色的饱和度。合法数值为-100～100 的百分比值。如果该值为-100，则颜色将完全去色；如果该值为 100，则颜色将完全饱和。

7) 传递

“传递”选项用于设定画笔笔迹中颜色不透明度与流量如何变化。

8) 杂色

“杂色”选项用于在笔刷的边缘产生杂边，也就是毛刺的效果。杂色没有数值调整，它和笔刷的硬度有关，硬度越小，杂边效果越明显；而硬度大的笔刷，杂边效果不明显。

9) 湿边

“湿边”选项用于将笔刷的边缘颜色加深，看起来就如同水彩笔的效果一样。

10) 喷枪

喷枪是一种随着停留时间延长，逐渐增加色彩浓度的画笔使用方式。

11) 平滑

“平滑”选项用于让鼠标在快速移动中也能够绘制较为平滑的线段。

12) 保护纹理

“保护纹理”选项用于将相同的图样套用到所有拥有纹理的笔刷预设集。在使用多个纹理笔尖绘画时，选择该选项，可以模拟一致的版面纹理。

灵活运用画笔笔尖形状的设定及画笔设置选项，多次变换笔尖大小、形状、颜色，结合形状动态等设置，可以制作出丰富的特殊效果。例如，图 2-64 所示的大多数效果就是使用画笔工具绘制的。

图 2-64 画笔工具绘制的效果

3. 自定义画笔

使用选区工具，在图像中创建要作为画笔的选区，画笔形状的大小最大可达 2500 像素× 2500 像素。执行“编辑” | “定义画笔预设”命令，在弹出的“画笔名称”对话框中单击“确定”按钮，即可定义画笔预设。

画笔绘制装饰元素.mp4

二、铅笔工具

“铅笔工具” 常用来画一些棱角突出的线条，如同平常使用铅笔绘制的图形一样。铅笔工具的选项栏与画笔工具基本相同，但多了一个“自动抹除”复选框。当“自动抹除”复选框被选中后，铅笔工具即可实现擦除功能，也就是说，在与前景色颜色相同的图像区域中绘图时，会自动擦除前景色而填入背景色。

三、颜色替换工具

颜色替换 工具的作用就是用设置的颜色替换原有的颜色，而且它除了可以使用颜色模式替换外，还可以使用色相、饱和度、亮度等模式进行替换。

四、混合器画笔工具

混合器画笔工具 可用于模拟真实的绘画技术，如混合画布上的颜色、组合画笔上的颜色以及在描边过程中使用不同的绘画湿度。混合器画笔工具选项栏如图 2-65 所示。

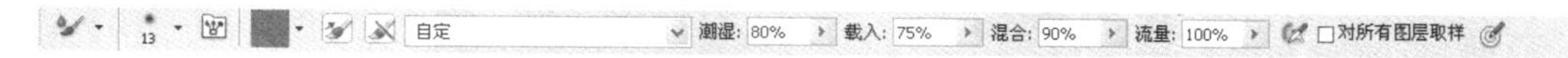

图 2-65 混合器画笔工具选项栏

混合器画笔工具选项栏中各选项的含义如下。

- 潮湿：此选项用来设置从画布拾取的颜色量。
- 载入：此选项用来设置画笔上的颜色量。
- 混合：此选项用来设置颜色混合的比例。
- 流量：此选项用来设置描边的流动速率。

五、橡皮擦工具

橡皮擦工具用于擦除图像颜色，并在擦除的位置上填入背景色，如果擦除的内容是透明的图层，那么擦除后会变为透明。使用橡皮擦工具时，可以在“画笔”面板中设置不透明度、渐隐和湿边。

六、背景橡皮擦工具

背景橡皮擦工具与橡皮擦工具一样，也用来擦除图像中的颜色，但两者有所不同，即背景橡皮擦工具在擦除颜色后不会填上背景色，而是将擦除的内容变为透明。如果所擦除的图层是背景层，那么使用背景橡皮擦工具擦除后，会自动将背景层变为不透明的层。

七、魔术橡皮擦工具

魔术橡皮擦工具与橡皮擦工具的功能一样，可以用来擦除图像中的颜色。该工具可以擦除一定容差度内的相邻颜色，擦除后会变为透明图层。

【任务实践】

DM 单正面效果制作.mp4

(1) 执行“文件”|“打开”命令，弹出“打开文件”对话框，找到“配套素材文件\项目二”文件夹，打开 2-6.psd 文件；在工具箱中选择移动工具，拖动内容到“DM 单”文件中，效果如图 2-66 所示。

图 2-66　效果图(1)

(2) 在图层面板中选中刚刚移动的素材图层，更改图层混合模式为“变暗”，效果如图 2-67 所示。

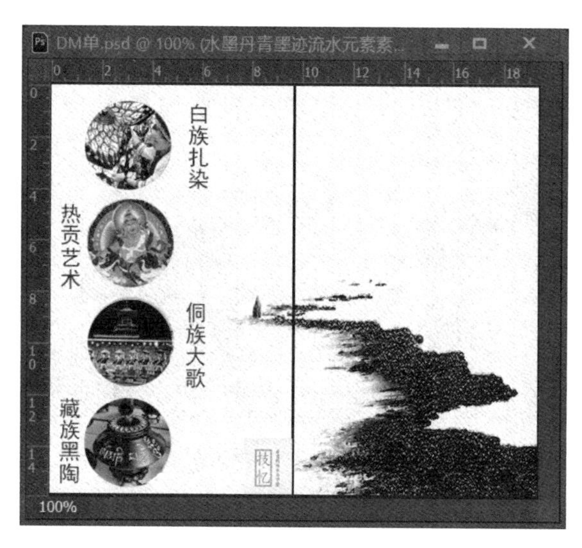

图 2-67　效果图(2)

(3) 执行“文件”|“打开”命令，弹出“打开文件”对话框，找到“配套素材文件\项目二”文件夹，打开 2-7.psd 文件；在工具箱中选择移动工具，拖动内容到“DM 单”文件中，效果如图 2-68 所示。

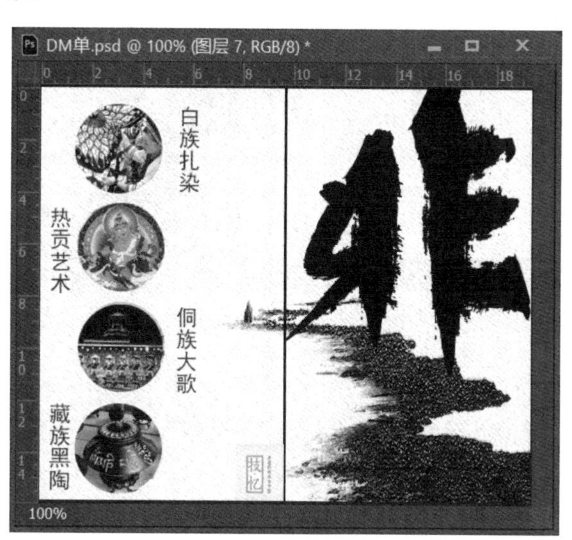

图 2-68　效果图(3)

(4) 在工具箱中选择移动工具，按 Ctrl+T 快捷键，对图层添加自由变换边框，按住 Shift 键，单击边框左上角，向内侧拖动鼠标以缩小图片，双击鼠标结束变换，将素材移动到文件的中上方，效果如图 2-69 所示。

(5) 执行“文件”|“打开”命令，弹出“打开文件”对话框，找到“配套素材文件\项目二”文件夹，打开 2-8.psd、2-9.psd 与 2-10.psd 文件；重复执行步骤(4)，参考效果如图 2-70 所示。

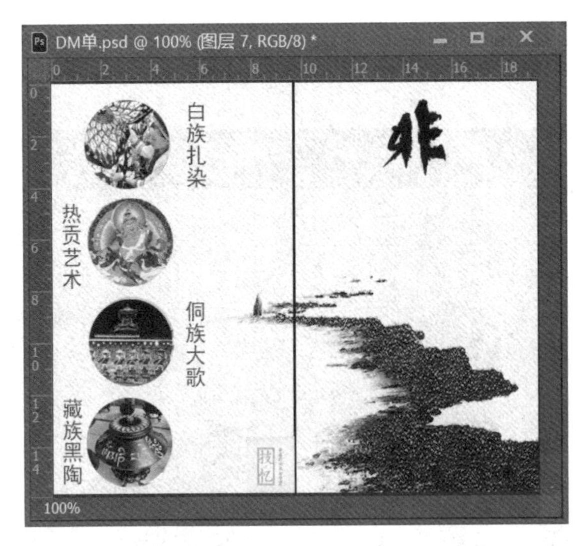

图 2-69 效果图(4)

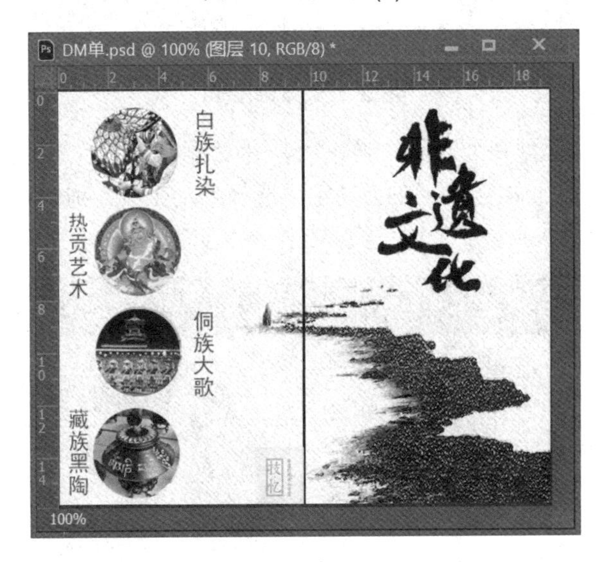

图 2-70 效果图(5)

(6) 执行“文件”|“打开”命令，弹出“打开文件”对话框，找到“配套素材文件\项目二”文件夹，打开 2-11.psd 文件，在工具箱中选择移动工具，将素材移动到文件的中上方；按 Ctrl+T 快捷键，对图层添加自由变换边框，按住 Shift 键，单击边框左上角，向内侧拖动鼠标以缩小图片，双击鼠标结束变换，参考效果如图 2-71 所示。

(7) 在工具箱中选择横排文字工具，设置字体为“黑体”、字号为 16、前景色为红色(#be1b22)，在图片右上方单击鼠标，输入文字“百年百艺　薪火相传”，效果如图 2-72 所示。

(8) 在工具箱中选择横排文字工具，在文字层下方单击鼠标，输入文字“5 月 8 日 敬请期待”，效果如图 2-73 所示。

(9) 执行“文件”|“存储”命令，设置文件存储位置，单击“确定”按钮，完成文件的存储。

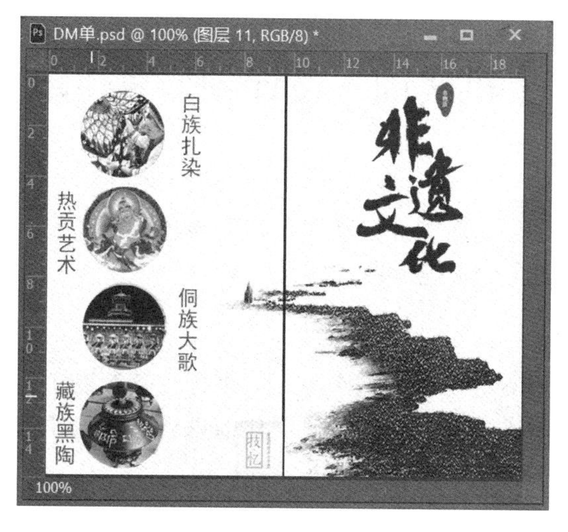

图 2-71 效果图(6)

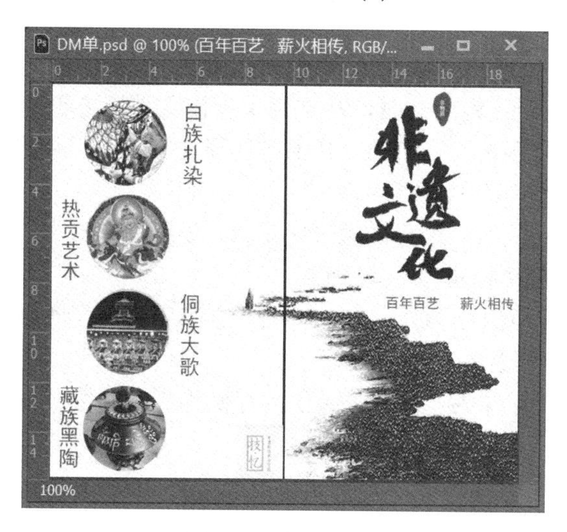

图 2-72 效果图(7)

图 2-73 效果图(8)

上机实训　设计制作宣传单

1. 实训背景

为配合“阳光小屋”甜品店的开业活动，增进与顾客的交流，使顾客的利益最大化，在每本宣传画册内部均包含一张提货券。

2. 实训内容和要求

本实训要设计一张提货券作为宣传单使用，采用橙黄渐变色为背景，利用选区工具选取精美的实物图片，以增进顾客食欲，设置羽化值以创建边缘模糊效果，使素材更好地融入背景。

3. 实训步骤

(1) 新建“提货券”文件。

(2) 在工具箱中选择渐变工具，在渐变工具选项栏中单击颜色框下拉按钮，选择“橙、黄、橙”渐变；在按住 Shift 键的同时，从文件上方向文件下方拖动鼠标，填充渐变色。

(3) 设置前景色为黑色(R:11，G:11，B:5)；选择文字工具，设置字体为“华文新魏”、字号为 48 点，输入文字“椰香木瓜红豆沙”。

(4) 打开素材 2-8.jpg 文件，选择椭圆选框工具，设置羽化值为 10 像素，框选甜品图片，使用移动工具移动图片到“提货券”文件中。

(5) 设置前景色为黑色(R:0，G:0，B:0)；选择文字工具，设置字体为“华文新魏”、字号为 24 点，输入文字“提货券”。

(6) 执行“文件”|“存储为”命令，弹出“存储为”对话框，设置文件存储位置，单击“确定”按钮。

4. 实训素材及效果

实训素材及效果参考如图 2-74 和图 2-75 所示。

图 2-74　实训素材图

图 2-75　效果参考图

技能点测试

职业技能要求：能使用 Photoshop 图像处理软件对图片进行抠图与提取；能使用画笔工具绘制图片形状，涂抹图形颜色，添加笔刷等效果。

习　题

1. 建立选区时，要移动选区中的对象，可以按(　　)辅助键。

   A. Shift　　B. Ctrl　　C. Alt　　D. 空格

2. 在 Photoshop 中，可以根据 px 颜色的近似程度来填充颜色，并且填充前景色或连续图案的工具是(　　)。

   A. 魔术橡皮擦工具　　B. 背景橡皮擦工具

   C. 渐变填充工具　　D. 油漆桶工具

3. Photoshop 中利用单行或单列选框工具选中的是(　　)。

   A. 拖动区域中的对象　　B. 图像横向或竖向的 px

   C. 一行或一列 px　　D. 当前图层中的 px

4. 在 Photoshop 中，如果想在现有选择区域的基础上增加选择区域，应按住(　　)键。

   A. Shift　　B. Ctrl　　C. Alt　　D. Tab

5. 下列工具中，(　　)可以用于选择连续的相似颜色的区域。

   A. 矩形选择工具　　B. 椭圆选择工具

   C. 魔棒工具　　D. 磁性套索工具

6. 在 Photoshop 中使用矩形选框工具创建矩形选区时，得到的是一个具有圆角的矩形选择区域，其原因是(　　)。

   A. 拖动矩形选框工具的方法不正确

   B. 矩形选框工具具有一个较大的羽化值

   C. 使用的是圆角矩形选框工具而非矩形选框工具

   D. 所绘制的矩形选区过大

7. 下列选区创建工具中，( )可以用于所有图层。

A. 魔棒工具 B. 矩形选框工具

C. 椭圆选框工具 D. 套索工具

8. 在 Photoshop 中利用橡皮擦工具擦除背景层中的对象时，被擦除区域填充( )。

A. 黑色 B. 白色 C. 透明 D. 背景色

9. Photoshop 的当前状态为全屏显示，而且未显示工具箱及任何面板，在此情况下，( )，能够使其恢复为显示工具箱、面板及标题栏的正常工作显示状态。

A. 先按 F 键，再按 Tab 键

B. 先按 Tab 键，再按 F 键

C. 先按两次 F 键，再按两次 Tab 键

D. 先按 Ctrl+Shift+F 组合键，再按 Tab 键

10. Photoshop 允许一个图像显示的最大比例范围是( )。

A. 100.00% B. 200.00% C. 600.00% D. 1600.00%

11. 创建矩形选区时，如果弹出警示对话框并提示“任何像素都不大于 50%选择，选区边将不可见”，其原因可能是( )。

A. 创建矩形选区前没有将固定长宽值设定为 1∶2

B. 创建选区前在属性栏中羽化值设置小于选区宽度的 50%

C. 创建选区前没有设置羽化值

D. 创建选区前在属性栏中设置了较大的羽化值，但创建的选区范围不够大

12. 可以使一个浮动选区旋转一定角度的正确操作是( )。

A. 执行“编辑” | “变换” | “旋转”命令

B. 应用移动工具，将鼠标放置在选区边角处，按住鼠标左键拖动

C. 执行“选择” | “变换选区”命令，选区周围出现变形框，当光标变为形状时，按住鼠标左键拖动

D. 应用矩形选框工具，将鼠标放置在选区边角处，按住鼠标左键拖动

13. 使用椭圆选框工具时，如果在其工具属性栏内设置“正常”选项，需要按住键盘中的( )键才可以绘制出以鼠标落点为中心的正圆选区。

A. Ctrl+Alt B. Alt+Shift C. Ctrl+Shift D. Ctrl+Alt+Shift

14. 魔棒工具和磁性套索工具的工作原理都是( )。

A. 根据取样点的颜色像素来选择图像

B. 根据取样点的生成频率来选择图像

C. 设定取样点，一次性选取与取样点颜色相同的图像

D. 根据容差值来控制选取范围，取值范围为 0～255

15. 能够反转选区的快捷键是( )。

A. Ctrl+I B. Ctrl+H C. Ctrl+Shift+I D. Ctrl+D

项目三

节日海报制作——图层详解

【项目导入】

海报是平面设计的重要组成部分，是以宣传某一物体或事件为目的的设计活动，重点是通过视觉元素向受众准确地表达诉求点。本项目通过制作节日海报，体现传播信息及时、成本费用低、制作简单等特点。

【项目分析】

本项目为中华传统节日中秋节制作宣传海报，海报以“满月”与“家人团聚”为创意宣传主体，通过图层基本知识的讲解和利用完成主体画面的制作；通过对海报文字进行图层样式的设定完成特效文字的制作；通过图层模式完成背景的制作。

【能力目标】

- 理解图层的基本原理。
- 能够利用图层的混合选项制作图层样式。
- 能够理解混合模式的原理并利用混合模式更改图像效果。

【知识目标】

- 图层的概念及基本操作。
- 图层的混合模式。
- 图层的样式设计。

【素质目标】

- 项目选取中秋节公益海报制作为主题，引导学生传承重视家庭伦理、尊重自然规律、崇尚和谐生活的民族精神和节日底蕴，坚定文化自信，增强民族文化认同感。
- 海报是一种视觉艺术表达形式，通过设计海报引导学生用图像和文字传达信息和情感，提升表达能力和沟通能力。

任务一　中秋节海报主体制作

【知识储备】

一、海报设计分析

海报即招贴，是当今信息传递的主要手段之一，是指张贴在公共场所的告示和印刷广告。在编排方面，海报招贴设计版面通常采用简洁夸张的手法，突出主题，达到强烈的视觉效果，从而吸引人们的注意，因此，海报招贴作为一种视觉传达艺术，最能体现平面设计的形式特征。

1. 海报的种类

海报按其应用不同，大致分为三种，即商业海报、艺术海报和公益海报。

商业海报是指宣传产品或商业服务的商业广告性海报，是最常见的海报形式。该类海报的设计，要恰当地配合产品的格调和受众对象。它包括各类商品的宣传海报、服务类海报、旅游类海报、电影海报等。

艺术海报是一种以海报形式表达美术创新观念的艺术作品，包括各类画展、设计展的海报。

公益海报包括宣传环保、交通安全、禁烟、禁毒、防火、防盗等公益类海报，还包括宣传政府部门制定的政策与法规的非公益类海报。

2. 海报的构成要素

海报构成的三大要素为图形、文字和文案。

图形一般是指文字以外的视觉要素，包括摄影、绘画、标志、图案等。色彩是最重要的视觉元素，会使人产生不同的联想和心理感受，可以为商品营造独具个性的品牌魅力。

海报的文案包括海报的标题、正文、标语和随文等，好的文案不仅能直接体现产品的最佳利益点，还应与海报中的图形、色彩有机结合，产生最佳的视觉效果。

3. 海报招贴的常用表现手法

海报招贴设计在版面上要求简洁明了，信息突出。在色彩上常以大块面积色彩进行版面编排，以客观直白的色彩吸引人们的注意。海报招贴设计作为户外的广告，具有面积大的特点，在版面上应尽量使用简洁、面积大的图形以及较大的字体。版面具有明确的分区，使其具有强烈的对比与视觉冲击力，从而达到吸引人们注意的目的。

1) 直接展示法

直接展示法是最常见且运用十分广泛的一种表现手法，将某种产品或主题直接如实地展示在广告版面上，充分运用摄影或绘画等写实表现能力。刻画并着力渲染产品的质感、形态和功能用途，将产品精美的质地呈现出来，给人以逼真的现场感，使消费者对所宣传的产品产生一种亲切感和信任感。

2) 对比法

对比法是一种趋向于对立冲突的表现手法，把作品中所描绘的事物的性质和特点放在鲜明的对照和直接的对比中来表现，从对比所呈现的差别中集中、简洁地表现事物特性。

3) 合理夸张法

借助想象，对广告作品中所宣传的对象的品质或特性的某个方面进行明显的夸大，以加深人们对这些特征的认识。通过夸张手法，能更鲜明地强调或揭示事物的实质，增强作品的艺术效果。

4) 特写法

对图像进行放大特写，使画面具有强烈的视觉效果，简洁明了。

海报设计讲求创意和冲击力，要配以精彩的文案，力求使作品立体地呈现企业的产品、文化和理念，与多数图片加文字堆砌组合的普通设计形成鲜明的对比，具有强烈的视觉冲击力，注重实用和创新。

4. 海报设计的五大原则

(1) 单纯：形象和色彩必须简单明了。

(2) 统一：海报的造型与色彩必须和谐，要具有统一的协调效果。

(3) 均衡：整个画面要具有魅力感与均衡效果。

(4) 销售重点：海报的构成要素必须化繁为简，尽量挑选重点来表现。

(5) 惊奇：海报无论在形式上还是内容上都要出奇创新，具有特别的惊奇效果。

二、图层初识

图层初识.mp4

图层是 Photoshop 的核心功能之一，是图像的载体，没有图层，图像是不存在的。在 Photoshop 中的任何操作都是基于图层来完成的。

可以将图层想象成透明的玻璃纸，一张张按顺序叠放在一起。用户可以在 Photoshop 的不同图层中分别处理图像和绘制图形，针对当前图层的操作不会影响其他图层中的图像。如果图层上没有图像，可以一直看到最底下的图层。

1. 图层的特点

一个完整的图像是由各个图层自上而下叠放在一起组合成的。上层的图像将遮住下层同一位置的图像，透明区域可以看到下层的图像；每个图层中的内容是独立的。

2. 图层的分类

在 Photoshop 中共有 6 种不同的图层，分别为背景图层、普通图层、文本图层、形状图层、调整图层和填充图层，如图 3-1 所示。

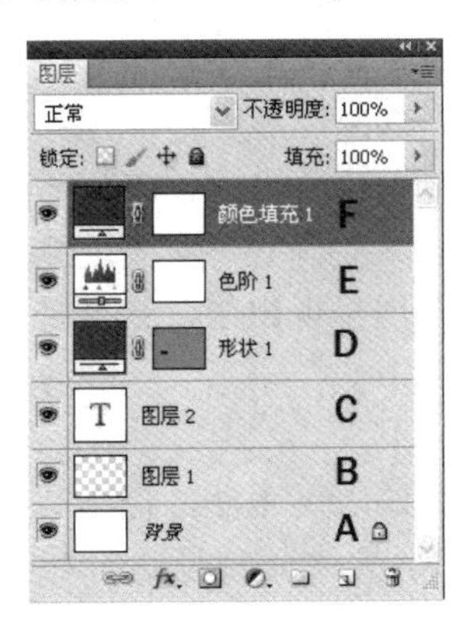

图 3-1　图层的分类

A—背景图层　B—普通图层　C—文本图层　D—调整图层　E—填充图层

- 背景图层：使用白色背景或彩色背景创建新图像时，“图层”面板中最下方的图像称为背景。一幅图像只能有一个背景图层。不能更改背景图层的排列顺序，也不能修改它的不透明度或混合模式。
- 普通图层：用于存放和绘制图像。
- 文本图层：使用文字工具创建的图层。
- 形状图层：使用形状工具创建的图层。
- 调整图层：使用调整图层，可以将颜色和色调调整应用于图像，而不会永久更改图像的像素值。
- 填充图层：在填充图层中，可以用纯色、渐变或图案填充图层。填充图层不会影响位于它下方的图层效果。

3. 图层面板

“图层”面板列出了图像中的所有图层、图层组和图层效果。用户可以使用图层面板来显示和隐藏图层、创建新图层以及处理图层组，也可以在图层面板菜单中访问其他图层命令和选项。选择“窗口”“图层”命令或按 F7 键可以显示图层面板，如图 3-2 所示。

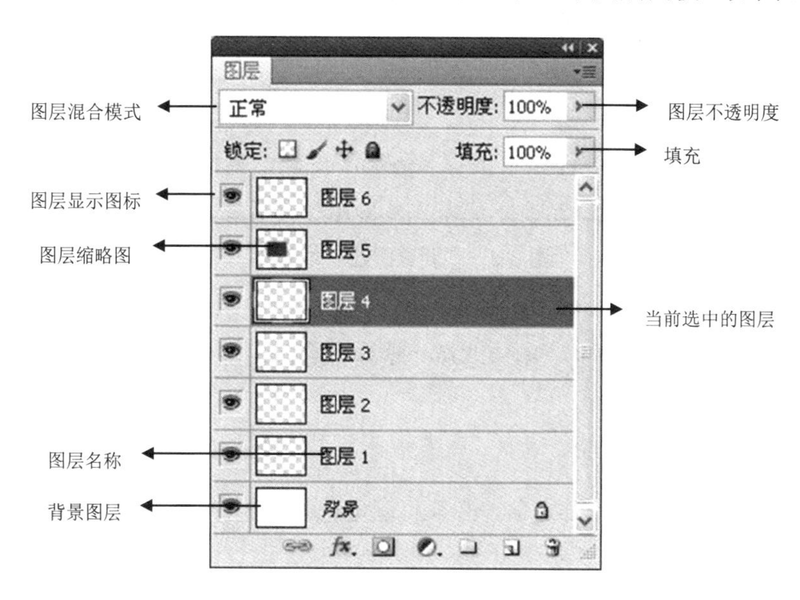

图 3-2 “图层”面板

图层面板中各选项的含义如下。

- 混合模式：混合模式是将当前图层与位于其下方的图层进行混合，从而产生另外一种图像显示效果。具体混合模式效果将在本项目任务三中介绍。
- 不透明度：图层的不透明度决定它显示自身图层的程度，当不透明度为 100%时，代表完全不透明，图像看上去非常饱和、非常实在。当不透明度下降的时候，图像也随之变淡。如果把不透明度设为 0，就相当于隐藏了这个图层。
- 图层显示图标：显示眼睛图标，表示当前图层内容为显示状态；单击眼睛图标，可隐藏当前图层内容。
- 图层缩略图：显示当前图层的缩略图形式。
- 当前选中的图层：图层面板中，蓝色显示的状态为当前选中的图层。
- 图层名称：显示图层名称，默认的图层名称为“图层 1”“图层 2”等，双击图层名称处可以更改图层名称。
- 背景图层：位于图层最下方，不能更改图层顺序、透明度及混合模式等选项，双击可以将背景图层转换为普通图层。

三、图层的基本操作

图层的基本操作.mp4

1. 创建图层

在 Photoshop 中可以通过以下几种方法创建新图层。

(1) 通过“创建新图层”按钮创建图层。单击“图层”面板底部的“创建新图层”按钮，可以在面板中创建一个空白图层。

(2) 通过“新建图层”对话框创建新图层。执行菜单栏中的“图层”|“新建”|“图层”命令，打开“新建图层”对话框如图 3-3 所示。

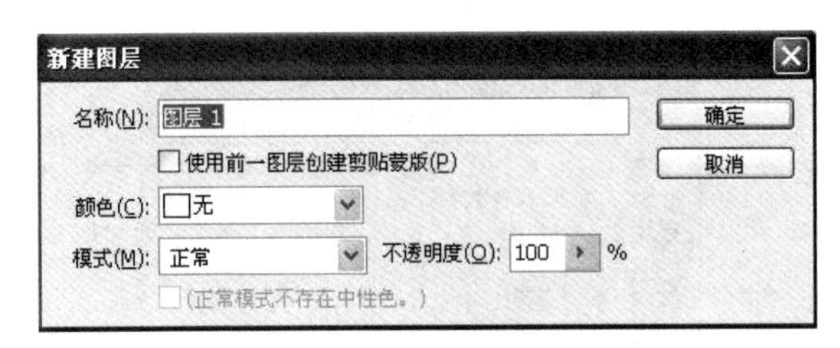

图 3-3　“新建图层”对话框

在“名称”文本框中可以更改图层的名称，默认的图层名称为“图层 1”“图层 2”等。

(3) 单击图层面板右上角的“图层菜单”按钮，选择“新建图层”命令，通过“新建图层”对话框创建新图层。

2. 选择图层

用户对图像进行编辑及修饰之前，必须正确地选择图层。在 Photoshop 中，可以通过以下几种方法选择图层。

1) 选择单个图层

在“图层”控制面板中单击要选择的图层，图层呈蓝色显示，表示该图层已经被选择。

2) 选择多个连续图层

在图层面板中单击第一个图层，然后按住 Shift 键单击最后一个图层，可以选择两个图层之间的所有图层，被选择的所有图层均呈蓝色显示。例如，单击图层 1 后，按住 Shift 键后单击图层 3，图层面板如图 3-4 所示。

3) 选择多个不连续图层

按住 Ctrl 键，然后逐一单击要被选中的图层，可以选择全部被单击的图层。例如，按住 Ctrl 键，单击“图层 1”与“图层 3”后，图层面板如图 3-5 所示。

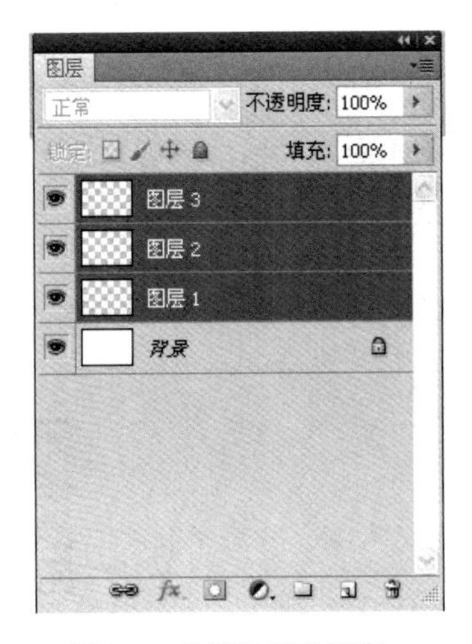

图 3-4　选择连续的图层

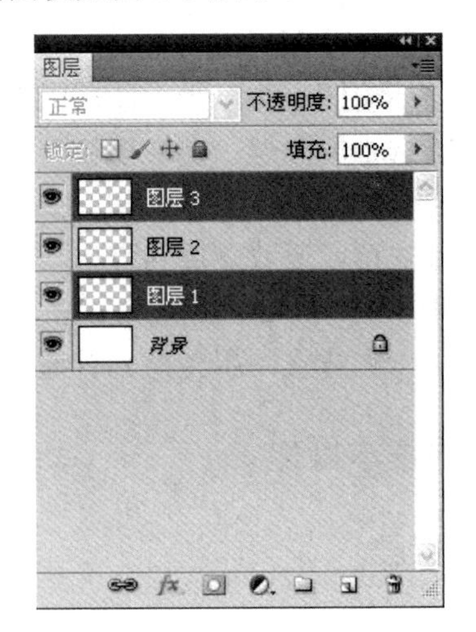

图 3-5　选择不连续的图层

3. 复制图层

复制图层可以为已存在的图层创建图层副本。在 Photoshop 中可以在文件内复制图层，也可以将图层复制到其他文件中。

(1) 在“图层”面板中，将选中的图层拖动到“创建新图层”按钮上，释放鼠标后出现图层副本，完成复制。

(2) 选择图层后，选择“图层”菜单或“图层”面板菜单，执行“复制图层”命令，弹出“复制图层”对话框，单击“确定”按钮。

(3) 如果在另一文件内复制图层，需要同时打开源文件和目标文件，从源图像的“图层”面板中，选择一个或多个图层，将图层从“图层”面板拖动到目标文件中，即可完成复制。

4. 移动图层

图层中的图像具有上层覆盖下层的特性，适当调整图层的排列顺序，可以制作出更为丰富的图像效果。在图层面板中，按住鼠标左键将图层拖动至目标位置，当目标位置显示一条高光线时释放鼠标即可。

5. 删除图层

对于不再使用的图层，用户可以将其删除，删除图层可以减小图像文件的大小。删除图层的常用方法有以下 4 种。

(1) 选中要删除的图层，单击图层面板上的“删除图层”按钮，打开警告对话框，如果确认删除图层，单击“是”按钮，即可删除图层。

(2) 选中要删除的图层，按住鼠标左键不放，把该图层拖动到图层面板上的“删除图层”按钮，也可删除图层，但不会打开提示对话框。

(3) 选中要删除的图层，执行“图层”|“删除”|“图层”命令，在弹出的对话框中单击“是”按钮即可。

(4) 选中要删除的图层，单击鼠标右键，在打开的快捷菜单中选择“删除图层”命令。

6. 图层的链接与解除链接

选择多个图层后，单击图层面板下方的链接按钮，可以链接选择的图层。图层被链接以后，可以同时对链接的图层进行移动、变换和复制等操作。再次单击图层面板下方的链接按钮，可以解除图层的链接。

7. 图层的合并

复杂的文件操作会使用大量的图层，会使图像文件尺寸变大，可根据需要对图层进行合并，合并图层是将两个或两个以上的图层合并成一个图层，常用的合并方式有以下 3 种。

1) 向下合并

“向下合并”命令可以把当前图层与在它下方的图层进行合并。单击图层面板的“图层菜单”按钮，选择“向下合并”命令，或使用 Ctrl+E 快捷键。进行合并的图层都必须处在显示状态。

2) 合并可见图层

“合并可见图层”命令可以把所有处在显示状态的图层合并成一层，在隐藏状态的图层不作变动。

3) 拼合图像

“拼合图像”命令可以将所有层合并为背景层，如果有隐藏图层，拼合时会弹出警告提示框，询问用户是否扔掉隐藏图层。执行“图层”|“合并可见图层”命令，或使用 Ctrl +Shift+E 组合键，可以拼合图像。

8. 图层的对齐与分布

Photoshop 允许用户对选择的多个图层进行对齐和分布操作，从而实现图像间的精确移动。

1) 图层的对齐

在菜单栏中执行“图层”|“对齐”命令，弹出“对齐”子菜单，如图 3-6 所示。

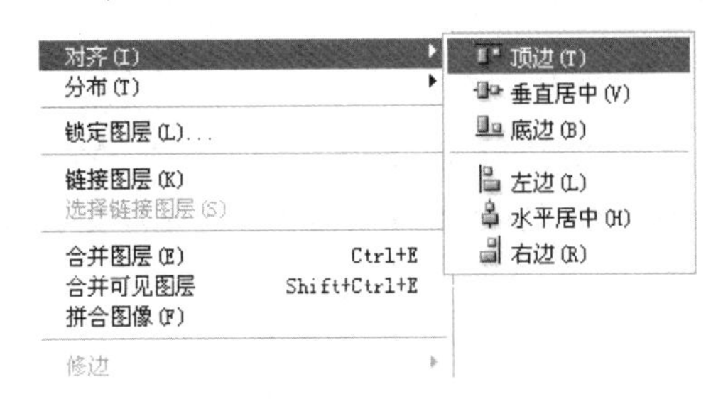

图 3-6 “对齐”子菜单

菜单中各个命令的含义如下。

- 顶边：执行“顶边”命令可将选择或链接图层的顶层像素与当前图层的顶层像素对齐，或与选区边框的顶边对齐。
- 垂直居中：执行“垂直居中”命令可将选择或链接图层上垂直方向的重心像素与当前图层上垂直方向的重心像素对齐，或与选区边框的垂直中心对齐。
- 底边：执行“底边”命令可将选择或链接图层的底端像素与当前图层的底端像素对齐，或与选区边框的底边对齐。
- 左边：执行“左边”命令可将选择或链接图层的左端像素与当前图层的左端像素对齐，或与选区边框的左边对齐。
- 水平居中：执行“水平居中”命令可将选择或链接图层上水平方向的中心像素与当前图层上水平方向的中心像素对齐，或与选区边框的水平中心对齐。
- 右边：执行“右边”命令可将选择或链接图层的右端像素与当前图层的右端像素对齐，或与选区边框的右边对齐。

2) 图层的分布

分布是将选择或链接图层之间的间隔均匀地分布，分布操作只能针对 3 个或 3 个以上的图层进行。执行“图层”|“分布”命令，弹出“分布”子菜单，如图 3-7 所示。

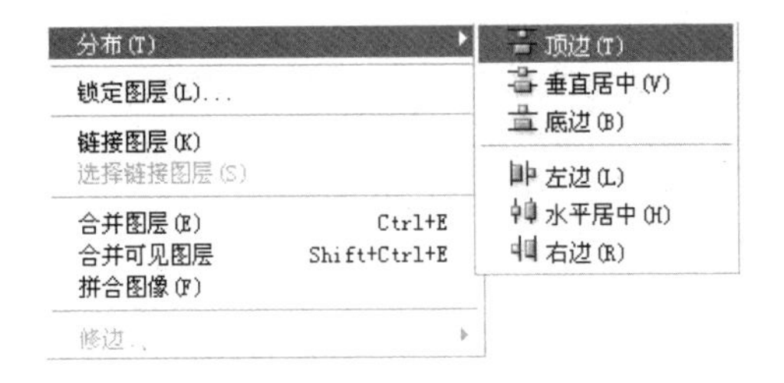

图 3-7 “分布”子菜单

菜单中各个命令的含义如下。

- 顶边：执行此命令将从每个图层的顶端像素开始，间隔均匀地分布选择或链接的图层。
- 垂直居中：执行此命令将从每个图层的垂直居中像素开始，间隔均匀地分布选择或链接的图层。
- 底边：执行此命令将从每个图层的底部像素开始，间隔均匀地分布选择或链接图层。
- 左边：执行此命令将从每个图层的左边像素开始，间隔均匀地分布选择或链接图层。
- 水平居中：执行此命令将从每个图层的水平中心像素开始，间隔均匀地分布选择或链接图层。
- 右边：执行此命令将从每个图层的右边像素开始，间隔均匀地分布选择或链接的图层。

9. 图层组

图层组就是将多个层归为一个组，这个组可以在不需要操作时折叠起来，无论组中有多少图层，折叠后只占用相当于一个图层的空间，方便管理图层。单击图层面板下方的创建新组按钮，即可创建新的图层组。

四、图层样式

Photoshop 允许为图层添加样式，使图像呈现不同的艺术效果。添加图层样式的方法步骤如下。

(1) 选中图层，单击图层面板下方的“样式”按钮，弹出“图层样式”菜单，如图 3-8 所示。

(2) 在图层面板中双击图层，打开“图层样式”对话框，如图 3-9 所示。

图 3-8　“图层样式”菜单

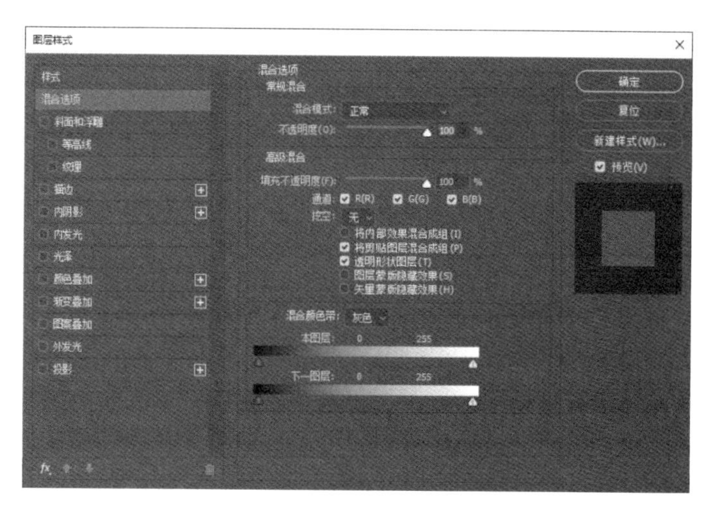

图 3-9　“图层样式”对话框

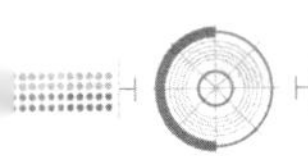

(3) 单击图层样式前面的复选框，可以选中对应的图层样式，再次单击复选框，取消对应的图层样式。

五、图层样式详解

1. 投影样式

投影样式用于模拟物体受光后产生的投影效果，主要用来增加图像的层次感，生成的投影效果是沿图像的边缘向外扩展，“投影样式”设置界面如图 3-10 所示。

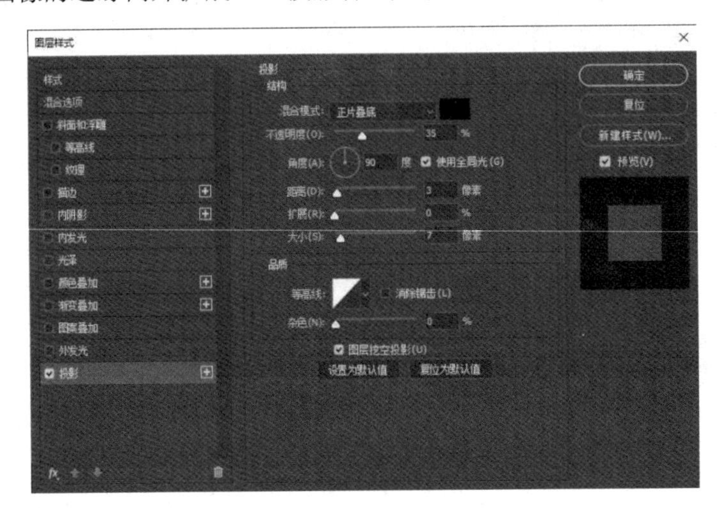

图 3-10　投影样式对话框

“投影样式”对话框中各选项含义如下。

- 混合模式：默认设置为“正片叠底”，由于阴影的颜色一般都是偏暗的，通常情况下不必修改。
- 不透明度：默认值为 75%，如果阴影的颜色要显得深一些，应增大数值，反之减少数值。
- 角度：设置阴影的方向，右侧的文本框中可直接输入角度值。鼠标单击圆圈可改变指针方向。指针方向代表光源方向，相反的方向就是阴影出现的地方。
- 距离：设置阴影和层的内容之间的偏移量。数值越大，会让人感觉光源的角度越低，反之越高。
- 扩展：设置阴影的大小，数值越大，阴影的边缘显得越模糊；反之，其值越小，阴影的边缘越清晰。

注意，扩展的单位是百分比，具体的效果会和“大小”相关，“扩展”设置值的影响范围仅仅在“大小”所限定的像素范围内，如果“大小”的值设置比较小，扩展的效果不是很明显。

- 大小：可以反映光源距离层的内容的距离，数值越大，阴影越大，表明光源距离层的表面越近；反之，阴影越小，表明光源距离层的表面越远。
- 等高线：用来对阴影部分进行进一步的设置，等高线的高处对应阴影上的暗圆环，低处对应阴影上的亮圆环。

- 图层挖空投影：选中此选项，当图层的不透明度小于 100%时，阴影部分仍然是不可见的。

2. 内阴影样式

内阴影样式沿图像边缘向内产生投影效果，与投影样式产生的效果方向相反，其参数设置大致相同。内阴影样式设置界面如图 3-11 所示。

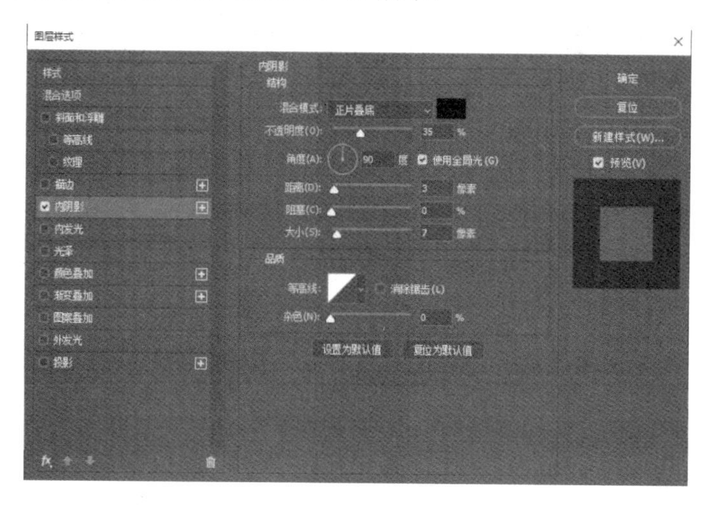

图 3-11　内阴影样式设置界面

3. 外发光样式

外发光样式沿图像边缘向外生成类似发光的效果，外发光样式设置界面如图 3-12 所示。

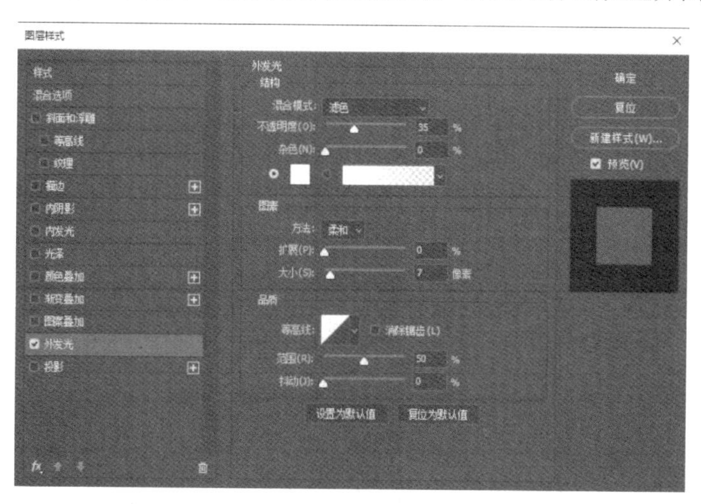

图 3-12　外发光样式设置界面

对话框中各选项的含义如下。

- 方法：方法的设置值有两个，分别是“柔和”与“精确”。“精确”适用于发光较强的对象或者棱角分明且反光效果比较明显的对象。
- “抖动”：此选项用于为光芒添加随机颜色点，为了使“抖动”效果显现，光芒至少应包含两种颜色。

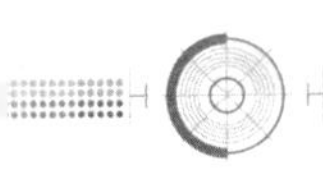

4. 内发光样式

内发光与外发光在效果产生的方向上刚好相反，它是沿图像边缘向内产生发光效果，其参数设置方法相似。内发光样式的设置界面如图 3-13 所示。

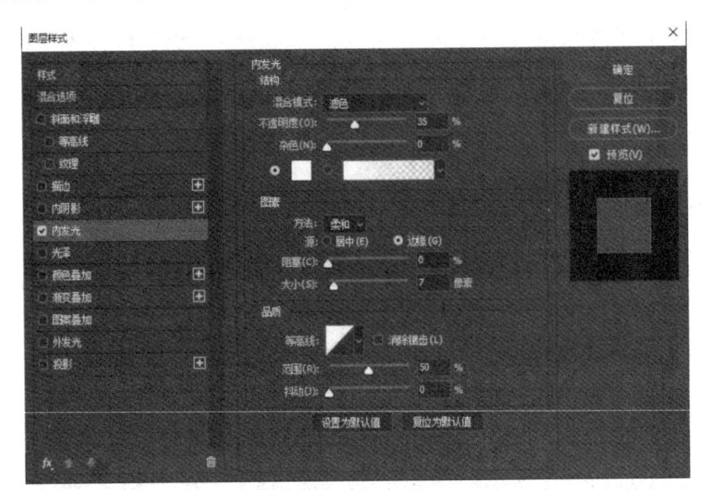

图 3-13　内发光样式设置界面

对话框中各选项含义如下。

- 源：“源”的可选值包括“居中”或“边缘”。“边缘”是指光源位于对象的内侧表面，为内侧发光效果的默认值。“居中”表示光源位于对象的中心。
- 阻塞：与“大小”的设置值相互作用，影响“大小”范围内光线的渐变速度。
- 大小：设置光线的照射范围，需与“阻塞”配合。如果阻塞值设置得非常小，即便将“大小”设置得很大，光线的效果也不明显。

5. 斜面和浮雕样式

斜面和浮雕样式用于增加图像边缘的暗调和高光，使图像产生立体感。斜面和浮雕样式设置界面如图 3-14 所示。

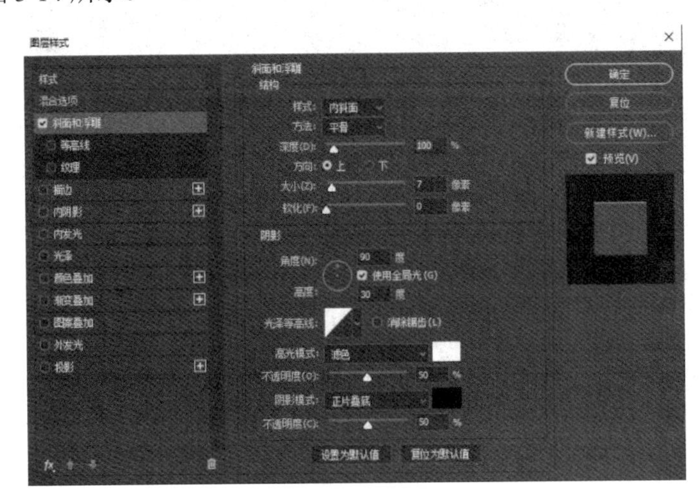

图 3-14　斜面和浮雕样式设置界面

对话框中各选项含义如下。

- 样式：包括内斜面、外斜面、浮雕、枕形浮雕和描边浮雕。
- 深度：与“大小”配合使用，在“大小”一定的情况下，用“深度”可以调整高台的截面梯形斜边的光滑度。
- 方向：仅“上”和“下”两种设置值，其效果和设置“角度”相同。
- 大小：设置高台的高度，需与“深度”配合使用。
- 软化：软化一般用来对整个效果进行进一步的模糊，使对象表面更柔和，减少棱角感。
- 使用全局光：表示所有的样式都受同一个光源照射，如果需要制作多个光源照射效果，可以取消此选项。
- 光泽等高线：创建有光泽的金属外观。
- 高光模式或阴影模式：指定斜面和浮雕高光或阴影的混合模式。

6. 光泽样式

光泽样式通常用于制作光滑的磨光效果或金属光泽效果。光泽样式设置界面如图 3-15 所示。

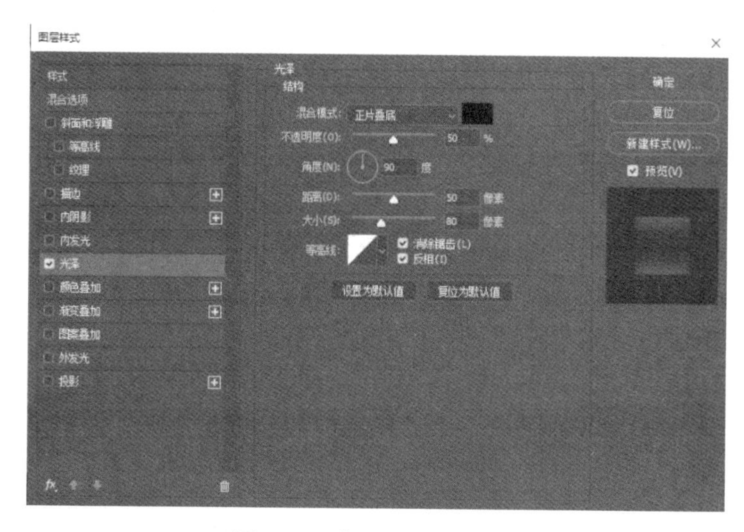

图 3-15 光泽样式设置界面

7. 颜色叠加样式

颜色叠加样式是将一种颜色覆盖在图像表面，颜色叠加样式设置界面如图 3-16 所示。

8. 渐变叠加样式

渐变叠加样式是使用一种渐变颜色覆盖在图像的表面，如同使用渐变工具填充图像或选区一样。渐变叠加样式设置界面如图 3-17 所示。

9. 图案叠加样式

图案叠加样式是使用一种图案覆盖在图像表面，如同使用图案图章工具将图案填充到图像或选区中，图案叠加样式设置界面如图 3-18 所示。

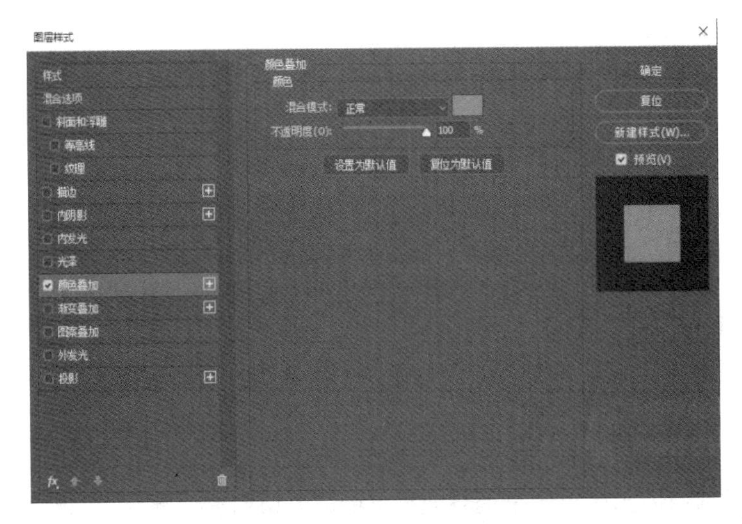

图 3-16　颜色叠加样式设置界面

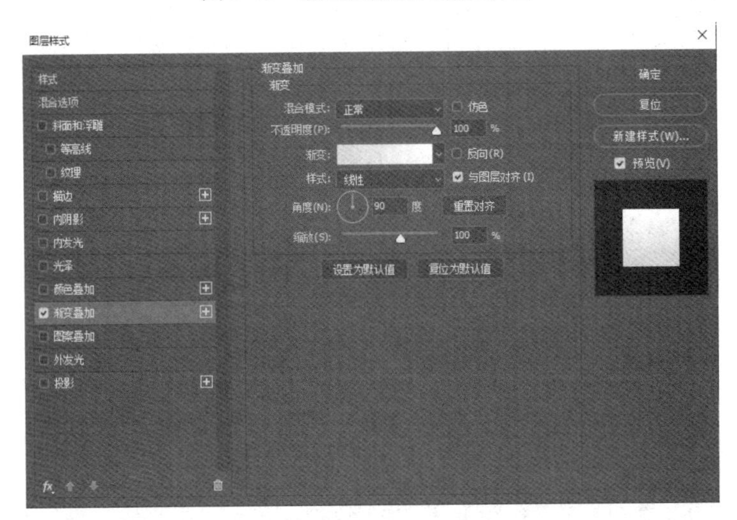

图 3-17　渐变叠加样式设置界面

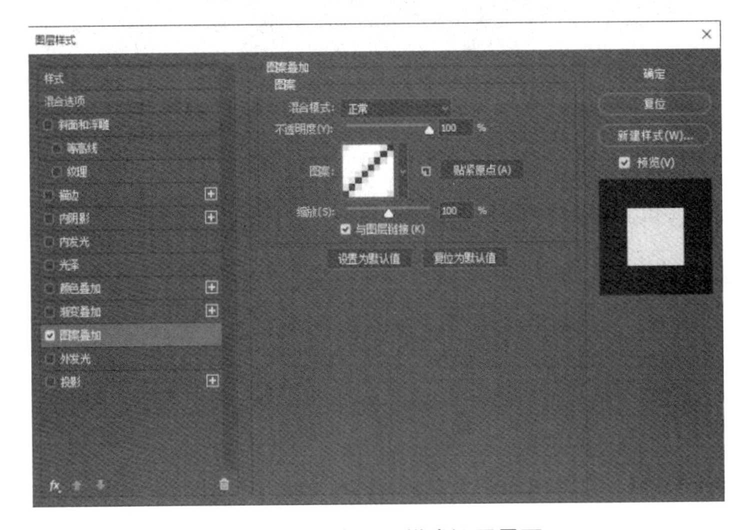

图 3-18　图案叠加样式设置界面

10. 描边样式

使用描边样式可以沿图像边缘填充一种颜色，如同使用“描边”命令描边图像边缘或选区边缘一样，描边样式设置界面如图 3-19 所示。

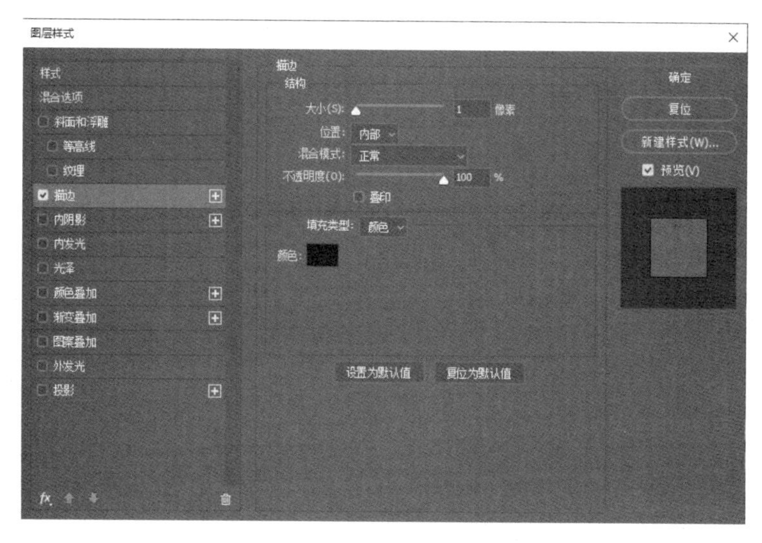

图 3-19　描边样式设置界面

六、样式效果示例

输入文字 photo(R:242，G:52；B:106)后，对文字所在图层添加不同的图层样式，效果如图 3-20～图 3-29 所示。

图 3-20　添加“投影”样式效果

图 3-21　添加“内阴影”样式效果

图 3-22　添加“外发光”样式效果

图 3-23　添加“内发光”样式效果

图 3-24　添加“斜面和浮雕”样式效果

图 3-25　添加“光泽”样式效果

图 3-26 添加“颜色叠加”样式效果

图 3-27 添加“渐变叠加”样式效果

图 3-28 添加“图案叠加”样式效果

图 3-29 添加“描边”样式效果

【任务实践】

中秋节海报主体制作.mp4

(1) 执行“文件”|“新建”命令，弹出“新建”对话框，设置“宽度”为 900 像素、“高度”为 1500 像素、“分辨率”为 72 像素/英寸、“颜色模式”为“RGB 颜色”，名称为“中秋节海报”，单击“确定”按钮，完成新建文件操作。

(2) 在工具箱中选择油漆桶工具，在工具选项栏中将填充类型设置为“前景”，设置前景色为深蓝色(#191f3f)，单击鼠标填充背景图层。

(3) 执行“视图”|“添加标尺”命令，在水平刻度 16 及垂直刻度 15 的位置分别添加参考线，效果如图 3-30 所示。

(4) 在工具箱中选择椭圆选框工具，在参考线相交的中心位置单击鼠标，按住 Shift+Alt 快捷键创建一个正圆选区，效果如图 3-31 所示。

图 3-30　效果图(1)

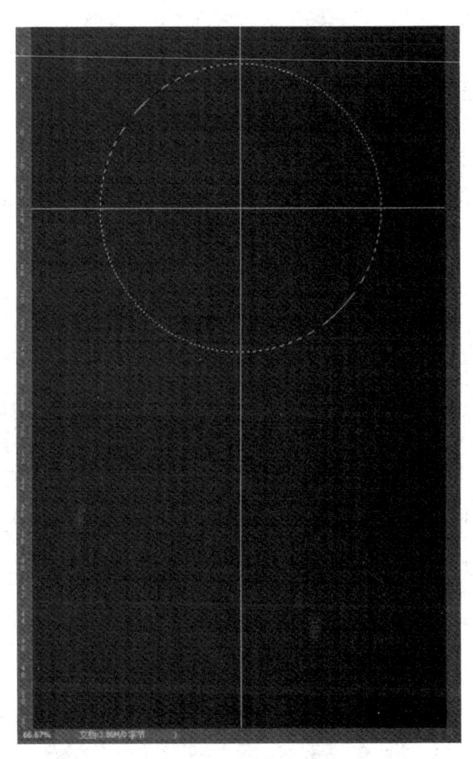

图 3-31　效果图(2)

(5) 设置前景色为淡黄色(#f7f6d8)，在工具箱中选择油漆桶工具，新建“图层 1”，单击鼠标填充颜色，按 Ctrl+D 快捷键取消选区。

(6) 在图层面板中右键单击“图层 1”缩略图，弹出快捷菜单，执行“混合选项”命令，弹出“图层样式”选项卡。单击选中“外发光”图层样式，设置“扩展”为 6%，“大小”为 158 像素，单击“确定”按钮，“图层样式”对话框参数设置如图 3-32 所示。

(7) 执行“文件”|“打开”命令，打开“打开文件”对话框，找到“配套素材文件”|“项目三”文件夹，打开 3-2.psd 文件；在工具箱中选择移动工具，将图层内容分别拖动到“中秋节海报”文件中，并适当调整图层大小及位置，图层生成默认名称“图层 2”-“图

层 6”，效果如图 3-33 所示。

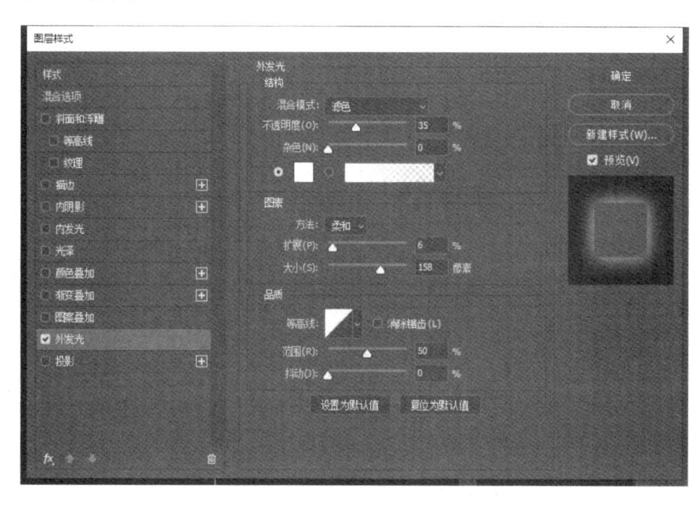

图 3-32　“图层样式”对话框

(8) 执行“文件”|“打开”命令，打开“打开文件”对话框，找到“配套素材文件”|“项目三”文件夹，打开 3-3.psd 文件；在工具箱中选择移动工具，将图层内容分别拖动到“中秋节海报”文件中，图层生成默认名称为“图层 7”，并适当调整图层大小及位置，效果如图 3-34 所示。

图 3-33　效果图(3)

图 3-34　效果图(4)

(9) 在图层面板中右击“图层 7”缩略图，弹出快捷菜单，选择“混合选项”命令，弹出“图层样式”选项卡。单击选中“颜色叠加”图层样式，设置“混合模式”为“变亮”，设置“颜色”为#a02147，单击“确定”按钮，“图层样式”对话框参数设置如图 3-35 所示。

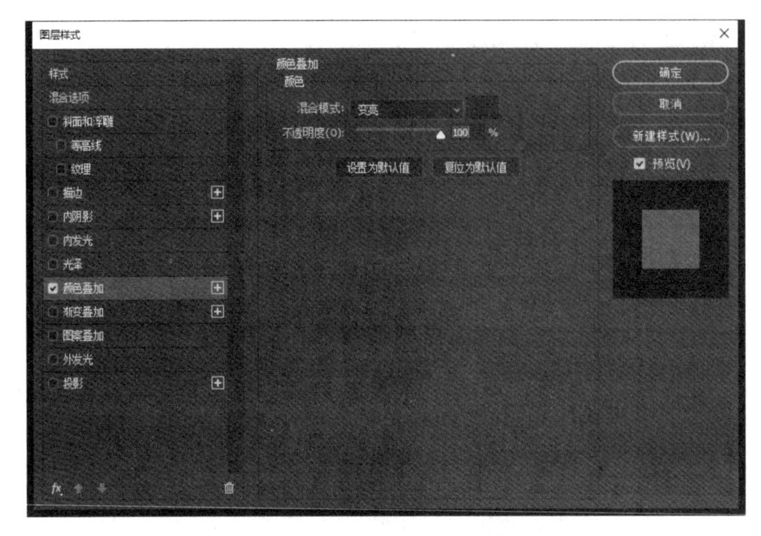

图 3-35 “图层样式”对话框

(10) 执行“文件”|“存储”命令，弹出“存储”对话框，设置文件存储位置，单击“确定”按钮，完成文件的存储。

任务二 制作海报背景部分

【知识储备】

一、图层混合模式

图层混合模式是将当前图层与位于其下方的图层进行混合，从而产生另外一种图像显示效果。色彩混合模式的效果与图像的明暗和色彩有直接关系，因此在选择模式时，必须根据图像的自身特点灵活应用。

二、混合模式的作用

单击图层面板的“图层混合模式”下拉列表框，弹出图层混合模式，如图 3-36 所示。各种模式的作用如下。

- 正常：图层混合模式的默认方式，效果只受不透明度的影响。
- 溶解：溶解模式产生的像素颜色来源于上下混合像素颜色的一个随机置换值，效果与像素的不透明度有关。
- 变暗：在混合两图层像素颜色时，比较两个图层相同位置的 RGB 值，取较低的值形成混合色，总的颜色灰度级降低，用白色合成图像时，则毫无效果。
- 正片叠底：其原理和色彩模式中的“减色原理”一样。将上、下两层图层像素颜色的灰度级进行乘法计算，获得灰度级更低的颜色成为合成后的颜色。和黑色发生正片叠底，产生的只有黑色；与白色混合，不会对原来的颜色产生任何影响。

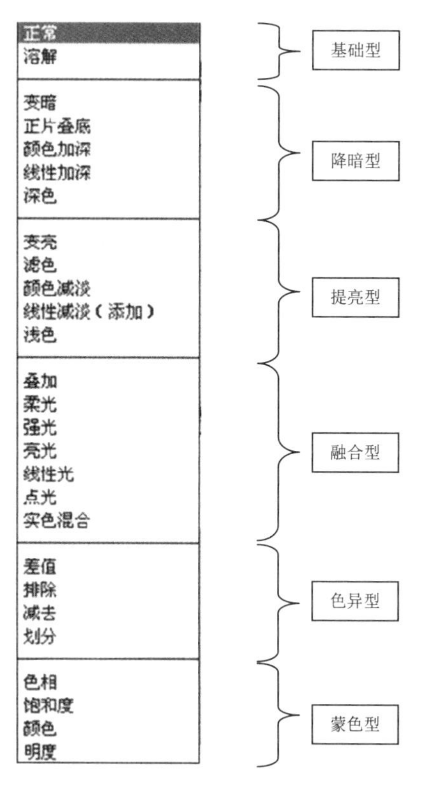

图 3-36 “图层混合模式”下拉列表框

- 颜色加深：加深图层的颜色值，作用的颜色越亮，效果越细腻。
- 线性加深：查看每个通道中的颜色信息通过减小亮度使“基色”变暗以反映混合色，与白色混合无效果。
- 深色：比较混合色和基色的所有通道值的总和并显示值较小的颜色，即较深色的颜色。“深色”不会生成第三种颜色。
- 变亮：与变暗效果相反，所有比前景色亮的都不变，比前景色暗的地方都变成前景色。
- 滤色：与正片叠底模式相反，按照色彩混合原理中的“增色模式”混合，显现两图层中较高的灰阶，而较低的灰阶则不显现，产生出一种漂白的效果。
- 颜色减淡：与颜色加深模式相反，会加亮图层的颜色值，加上的颜色越深，效果越细腻。与黑色混合则不发生变化。
- 线性减淡：查看每个通道中的颜色信息通过增加亮度使“基色”变亮以反映混合色，与黑色混合无效果。
- 浅色：与深色相反，显示较浅的颜色。
- 叠加：结合正片叠底和滤色两种模式，亮度不变，颜色重叠。
- 柔光：图像中亮色调区域变得更亮，暗色调区域变得更暗，图像反差增大，类似柔光灯的照射效果。上层颜色亮度高于中性灰(50%灰)，底层变淡；上层颜色亮度低于中性灰(50%灰)，底层变暗。
- 强光：上层颜色亮度高于中性灰，图像变亮，反之，图像变暗。
- 亮光：调整对比度以加深或减淡颜色，上层颜色亮度高于中性灰，图像将被降低对比度并且变亮；上层颜色亮度低于中性灰，图像会被提高对比度并且变暗。

- 线性光：上层颜色亮度高于中性灰，用增加亮度的方法来使画面变亮，反之用降低亮度的方法来使画面变暗。
- 点光：如果上层颜色亮度高于中性灰，比上层颜色暗的像素将被替换，而较亮的像素则不发生变化；如果上层颜色亮度低于中性灰，比上层颜色亮的像素将被替换，而较暗的像素则不发生变化。
- 实色混合：图层图像的颜色会与下一图层图像中的颜色进行混合，这种混合具有不确定性，通常会使亮色更亮，暗色更暗。
- 差值：将要混合图层的 RGB 值分别进行比较，用高值减去低值作为合成后的颜色。
- 色相：用当前图层的色相值去替换下层图像的色相值，同时保持饱和度与亮度不变。
- 饱和度：用当前图层的饱和度去替换下层图像的饱和度，同时保持色相值与亮度不变。
- 颜色：用当前图层的色相值和饱和度替换下层图像的色相值和饱和度，同时保持亮度不变。
- 明度：用当前图层的亮度值替换下层图像的亮度值，同时保持色相值与饱和度不变。

混合模式.mp4

例如，将素材图片中的汽车加入选区；新建图层，添加颜色后，对图层进行混合模式的设定。可以为汽车添加不同的颜色效果，如图 3-37 所示。

图 3-37　原图与效果图

【任务实践】

制作海报背景部分.mp4

(1) 执行“文件”|“打开”命令，打开“打开文件”对话框，找到“配套素材文件”|“项目三”文件夹，打开 3-1.jpg 文件；在工具箱中选择移动工具，拖动内容到“中秋节海报”文件的底部，图层生成默认名称“图层 8”。

(2) 按 Ctrl+T 快捷键，显示变换控件，按住 Shift 键向水平方向拖动鼠标放大素材，并摆放到底部位置，效果如图 3-38 所示。

(3) 单击“图层 8”混合模式下拉列表，选中“叠加”命令，“混合模式”下拉列表如图 3-39 所示，海报效果如图 3-40 所示。

图 3-38　效果图(5)

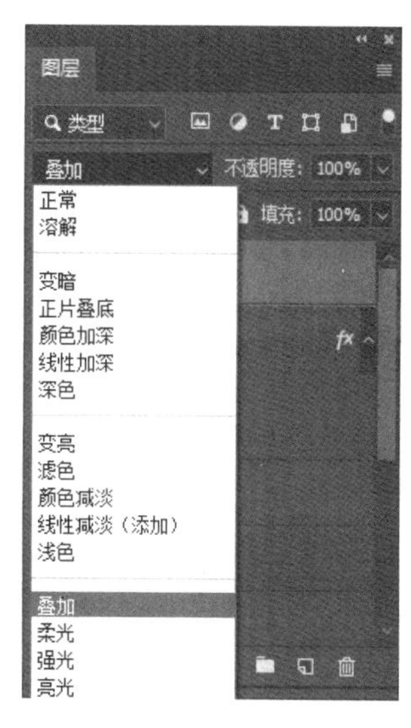

图 3-39　“混合模式”下拉列表

(4) 单击图层面板下方的添加图层蒙版按钮，为“图层 8”添加图层蒙版。选择渐变工具，选择“黑，白渐变”，沿图像垂直方向从上到下拖动鼠标，效果如图 3-41 所示。

图 3-40　效果图(6)

图 3-41　效果图(7)

(5) 执行“图层”|“新建图层”命令，新建“图层 9”，设置图层混合模式为“叠加”。选择“画笔”工具，前景色为#fdf507，笔尖大小为 18 像素，选用“柔笔刷”，在“喜迎中秋 欢度国庆”所在位置绘制光影效果，效果如图 3-42 所示。

(6) 执行“文件”|“打开”命令，打开“打开文件”对话框，找到“配套素材文件”|“项目三”文件夹，打开 3-4.psd 文件；在工具箱中选择移动工具，拖动内容到“中秋节海报”文件中，图层生成默认名称为“图层 10”，效果如图 3-43 所示。

图 3-42　效果图(8)

图 3-43　效果图(9)

(7) 执行“文件”|“打开”命令，打开“打开文件”对话框，找到“配套素材文件”|“项目三”文件夹，打开 3-6.psd 文件；在工具箱中选择移动工具，拖动内容到“中秋节海报”文件中，图层生成默认名称“图层 11”，效果如图 3-44 所示。

(8) 单击“图层 11”的“设置混合模式”下拉列表框，设置图层的混合模式为“深色”，“不透明度”为“10%”，图层面板如图 3-45 所示，效果如图 3-46 所示。

(9) 执行“文件”|“打开”命令，打开“打开文件”对话框，找到“配套素材文件”|“项目三”文件夹，打开 3-5.psd 文件；在工具箱中选择移动工具，拖动内容到“中秋节海报”文件中，图层生成默认名称“图层 12”。

(10) 按 Ctrl+T 快捷键，显示变换控件，向内拖动鼠标缩小素材“图层 12”，并摆放到合适位置，效果如图 3-47 所示。

(11) 执行“图层”|“复制图层”命令，复制 3 个图层副本。分别选中每一个复制的图层，按 Ctrl+T 快捷键，显示变换控件，向内拖动鼠标缩小素材，并摆放到合适位置。按 Ctrl+T 快捷键隐藏参考线，最终效果如图 3-48 所示。

图 3-44 效果图(10)

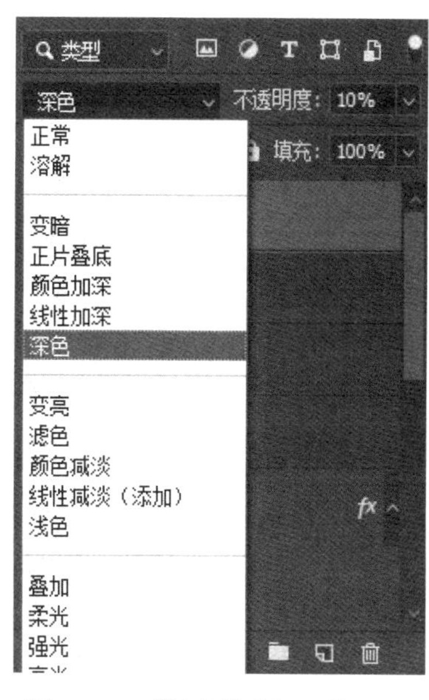

图 3-45 “混合模式”下拉列表

图 3-46 效果图(11)

图 3-47 效果图(12)

(12) 执行“文件”|“存储”命令，弹出“存储”对话框，选择文件存储位置，单击“确定”按钮，结束制作。

图 3-48　效果图(8)

上机实训　制作茶叶博览会宣传广告

1. 实训背景

茶文化是中国悠久的传统文化精粹之一，本任务旨在为茶叶博览会设计宣传广告。作品结合中国传统水墨画来辅助构图和创造意境，巧用绿色茶叶嫩叶进行点缀，既传达绿色健康的理念，又符合现代人的生活方式和审美需求，体现茶文化的独特魅力。

2. 实训内容和要求

本任务重点练习关于图层基础操作的相关知识，要求读者掌握以下技能：图层的新建与复制；图层的移动与变换；图层的选择与删除；图层的合并与链接；图层的对齐与分布等基础操作。能够选取适合主题的素材，进行辅助构图和创造意境。

3. 实训步骤

1) 制作背景部分

(1) 新建文件“名称”为“茶韵”。

(2) 打开“山峰.jpg”素材文件，按 Ctrl+Shift+U 组合键应用去色命令，去除图像的颜色。

(3) 选择移动工具，将“山峰”图片移动到“茶韵”文件的下方，图层面板出现“图层1”，设置“图层1”的“不透明度”为25%。

(4) 选择橡皮擦工具，设置笔尖形状为圆形，大小为170px，硬度为0，在“山峰”图层最下方水平拖动鼠标，擦除“图层1”底部的内容。

(5) 打开“墨迹.psd”素材文件，选择移动工具，将“墨迹”图片移动到“茶韵”文件中，图层面板出现“图层2”，按Ctrl+T快捷键，顺时针旋转25°。

(6) 选择橡皮擦工具，设置笔尖形状为圆形，大小为170px，硬度为0，在“山峰”图层最下方水平拖动鼠标，擦除“图层2”底部内容，完成文件背景部分的制作。

2) 制作文件主体部分

(1) 打开“梅花.jpg”素材文件，将梅花添加到选区，选择移动工具，将“梅花”图片移动到“茶韵”文件中，图层面板中出现“图层4”，按Ctrl+T快捷键，缩小25%，将“图层4”移动到茶杯位置处。

(2) 在图层面板中选中“图层4”，将其向“新建图层”按钮拖动，复制图层。图层面板出现“图层4副本”，选择移动工具，将梅花移动到茶杯下方。

(3) 选择橡皮擦工具，擦除位于茶杯上方的梅花。

3) 添加文字

(1) 选择直排文字工具，设置前景色为金色(R:170，G:119，B:5)，字体为“Adobe 黑体 Std”，字号为6号，输入文字“第十届茶叶博览会”，按Ctrl+Enter快捷键结束输入。

(2) 更改字号为5号，其他设置不变，更改文字位置，输入“中国 济南”，按Ctrl+Enter快捷键结束输入。

(3) 打开素材“茶韵文字.psd”，选择移动工具，将文字图片移动到“茶韵”文件中，图层面板出现“图层5”，摆放在合适的位置。

4) 点缀效果制作

(1) 打开素材“树叶.psd”，选择移动工具，将树叶图片移动到“茶韵”文件中，图层面板出现“图层6”。按Ctrl+T快捷键，缩放45%，移动到文件右上角。

(2) 复制图层6，图层面板出现“图层6副本”，按Ctrl+T快捷键，旋转并缩放一定比例；重复执行操作，适当调整树叶所在位置，完成右上角效果制作。

(3) 打开素材“茶叶.psd”，选择移动工具，将茶叶图片移动到“茶韵”文件中，图层面板出现“图层7”，移动到合适的位置；复制图层7，图层面板出现“图层7副本”，按Ctrl+T快捷键，旋转并移动位置，完成点缀效果制作。

(4) 执行“文件”|“存储为”命令，弹出“存储为”对话框，设置文件存储位置，单击“确定”按钮。

4. 实训素材及参考图

实训素材如图3-49～图3-54所示。参考图如图3-55所示。

图 3-49　素材(1)

图 3-50　素材(2)

图 3-51　素材(3)

图 3-52　素材(4)

图 3-53　素材(5)

图 3-54　素材(6)

图 3-55　参考图

技能点测试

职业技能要求：能对图片添加纹理、投影、图片描边等样式。

习　　题

1. 要将“图层”面板中的多个图层进行自动对齐和分布，正确的操作步骤为(　　)。
   A. 将需要对齐的图层先执行“图层”|“合并图层”命令，然后单击属性栏内的对齐与分布图标按钮
   B. 将需要对齐的图层名称前的图标显示，然后单击属性栏内的对齐与分布图标按钮
   C. 按住 Shift 键将多个图层选中，然后单击属性栏内的对齐与分布图标按钮
   D. 将需要对齐的图层先放置在同一个图层组中，然后单击属性栏内的对齐与分布图标按钮

2. 应用于图层的效果可以变为图层自定样式的一部分，如果图层具有样式，“图层”面板中图层名称右侧将出现一个图标，可以将这些图层样式存储于(　　)面板中，以反复调用。

   A. 图层样式　　B. 样式　　C. 图层复合　　D. 动作

3. 要应用“样式”面板中存储的样式来制作图 3-56(A)所示按钮，先绘制出一个圆角矩形[如图 3-56(B)所示]，然后单击图 3-56(C)“样式”面板中的样式图标，结果如图 3-56(D)所示，此时不能得到如图 3-56(A)所示相应效果的原因是(　　)。

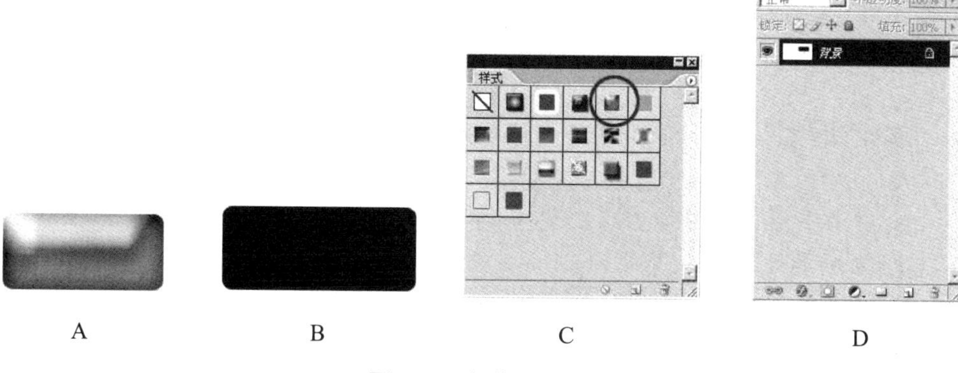

A　　B　　C　　D

图 3-56　制作图案按钮

A. 样式不能应用于圆角矩形

B. 要先制作选区，才能应用样式

C. 样式不能应用于锁定的背景层，必须新建一个图层

D. 样式只能应用于图层组

4. 利用“图层样式”的功能，可以制作出如图 3-57 中的透明按钮效果，你认为在“投影”和“内发光”之外，显然还用到了下列选项中的(　　)样式(高光部分除外)。

图 3-57　透明按钮效果

A. 外发光　　B. 内阴影

C. 光泽　　D. 斜面和浮雕

5. 要使图 3-58(a)发生柔和自然的变形，以达到图 3-58(b)所示的效果，应该采用的变形方式为(　　)。

(a)　　(b)

图 3-58　图像变形

A. “编辑”|“变换”|“扭曲”　　B. “编辑”|“变换”|“斜切”

C. “编辑”|“变换”|“透视”　　D. “编辑”|“变换”|“变形”

6. 应用移动工具移动图像时按住(　　)键，可以在移动的同时将选区内图像复制一份。

A. Shift　　B. Ctrl　　C. Alt　　D. Alt+Ctrl

7. 在图层较多的情况下，可以通过“图层组”来对图层进行分类管理。在“图层”面板中单击(　　)按钮，可以快速创建新的“图层组”。

A.　　B.　　C.　　D.

8. 要将“图层”面板中的背景图层转变为普通图层，可采用的方法是(　　)。

A. 在“图层”面板中直接对背景图层的名称进行修改

B. 先在背景图层图标上双击鼠标，然后在弹出的“新建图层”对话框中修改图层的属性

C. 单击背景图层上的按钮

D. 点中背景图层图标，按 Enter 键

9. 要将“图层”面板中的多个图层进行自动对齐和分布，正确的操作步骤为(　　)。

A. 将需要对齐的图层先执行“图层”|“合并图层”命令，然后单击属性栏内的对齐与分布图标

B. 将需要对齐的图层名称前的图标显示，然后单击属性栏内的对齐与分布图标

C. 按住 Shift 键将多个图层选中，然后单击属性栏内的对齐与分布图标

D. 将需要对齐的图层先放置在同一个图层组中，然后单击属性栏内的对齐与分布图标

10. 要为图 3-59(a)中的图案添加一道橘黄色的边线，正确的操作步骤是(　　)。

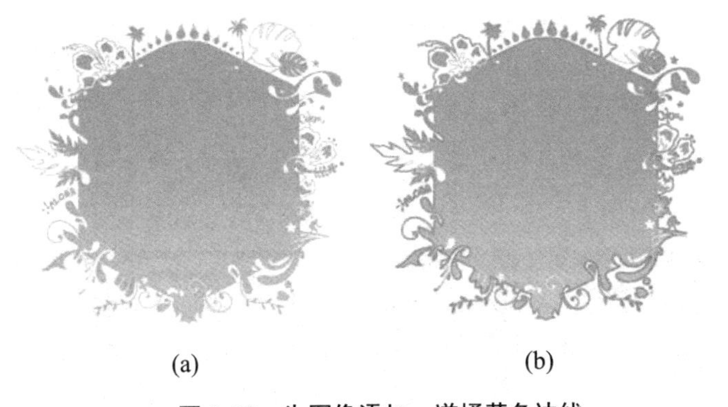

(a)　　(b)

图 3-59　为图像添加一道橘黄色边线

A. 先制作图案的选区，然后执行“图像”|“描边”命令

B. 先制作图案的选区，然后执行“编辑”|“描边”命令

C. 先制作图案的选区，然后应用画笔工具进行自动描边

D. 打开“描边”面板，在其中设置描边颜色与宽度

11. 要将“图层”面板中的背景图层转变为普通图层可采用的方法是(　　)。

A. 在“图层”面板中直接对背景图层的名称进行修改

B. 先在背景图层图标上双击鼠标，然后在弹出的“新建图层”对话框中修改图层属性

C. 单击背景图层上的按钮

D. 单击背景图层图标，按 Enter 键

12. 为文字添加“投影”样式时，如果要使投影边缘的模糊程度增大，需要在“图层

样式”面板中调节的参数是(　　)。

A.“距离”　　B.“大小”　　C.“扩展”　　D.“等高线”

13. 如果要将图像中的一个局部剪切到一个新图层中，通过“图层”菜单中的(　　)命令可以实现。

A. “新建”|“通过拷贝的图层”　　B. “新建”|“通过剪切的图层”

C. “新建”|“图层”　　D. “新建”|“图层组”

14. 下列有关“图层样式”添加顺序的描述正确的是(　　)。

A. 通常情况下，表现图像外部样式的效果会取得优先顺序

B. “图层样式”添加的先后顺序对图像效果没有影响

C. 位于下面的效果有可能被上面的效果遮盖而显示不出来

D. 先添加的效果会被自动删除

15. 要将“图层”面板中的多个图层进行自动对齐和分布，正确的操作步骤为(　　)。

A. 将需要对齐的图层先执行“图层”|“合并图层”命令，然后单击属性栏内的对齐与分布图标

B. 将需要对齐的图层名称前的👁图标显示，然后单击属性栏内的对齐与分布图标

C. 按住 Shift 键将多个图层选中，然后单击属性栏内的对齐与分布图标

D. 将需要对齐的图层先放置在同一个图层组中，然后单击属性栏内的对齐与分布图标

项目四

杂志封面及版面制作——文字详解

【项目导入】

封面是书籍的外衣，具有保护和宣传书籍的双重作用。一个好的封面能准确地传达书籍的主题思想，影响读者的阅读和购买行为。文字是设计作品的重要组成部分，它不仅可以传达信息，还能美化版面、强化主题。本项目将为时尚杂志制作封面及版面。

【项目分析】

本项目利用文字工具创建点文字、段落文字以及路径文字，浓缩了部分表现性符号，将图像信息进行多层次组合，使杂志封面及版面具有秩序性的美感。

【能力目标】

- 能利用文字工具创建点文字和段落文字。
- 能结合路径创建路径文字。
- 掌握文字栅格化的方法。

【知识目标】

- 掌握利用文字工具输入点文字与段落文字的方法。
- 掌握字符格式化、文字变形及段落文本格式化的相关操作。
- 掌握路径文字的输入方法以及文字转换为路径、文字转换为形状的方法。
- 掌握对矢量元素进行栅格化的操作方法。

【素质目标】

- 通过引入工匠元素，引导学生感受对产品精心打造、精工制作的理念和追求，培养学生“精益求精、一丝不苟”的工匠精神。
- 通过制作书籍封面及内页案例，引导学生思考阅读的力量，注重情感表达，形成不断学习、不断接收新信息的方法，树立终身学习的意识和信念。

任务一　杂志封面制作

【知识储备】

一、封面设计分析

封面设计要将内容信息进行多层次组合，使封面具有秩序性的美感，并浓缩大量的表现性符号，体现设计师对书籍的深刻理解。

1. 书籍的开本

书籍的开本是指书籍幅面的大小，即书籍的面积。开本一般以整张纸的规格为基础，采用对叠方式进行裁切，整张纸称为“整开”，其 1/2 为“对开”，1/4 为“4 开”，依次类推。一般书籍的开本采用大 32 开、小 32 开和大 16 开、小 16 开。目前较为常用的印刷正文用纸尺寸为 787mm× 1092mm 和 850mm×1168mm。

2. 书籍的构成

一本书由封面、护封、封腰、护页、扉页、内页、前勒口、后勒口、书脊、封底等部分构成。护封是一张扁平的印刷品，用来保护封面。精装书带有护封，简装书则将封面和护封合二为一。封腰是护封的一种特殊形式，需在出书后出现与本书有关的重要事件，通过封腰补充介绍给读者。护页在早期起到保护书籍的作用，现在更多作为一种鉴赏。护页之后是扉页。勒口，也称折口，是封面和封底向左右两端延伸并折叠进去的部分，起到保护封面的作用。

3. 封面设计的构成要素

封面设计主要由文字设计、图片设计、色彩设计三个要素构成。

1) 文字设计

文字是封面设计的基本元素，在设计表现上应突出书名，增强书名的识别性，合理编排设计元素，形成独立的风格形象。

2) 图片设计

图片作为主要的视觉元素，在封面上具有吸引读者视线的主要功能。适当采用大胆夸张的图像，往往能产生显著效果。

3) 色彩设计

封面的整体色调也是强烈的视觉元素之一，可以运用大面积的色彩，让书籍在众多书籍中脱颖而出，吸引读者的注意。

二、文字工具组

1. 文字工具

Photoshop 提供了 4 种文字工具，其中横排文字工具和直排文字工具用来创建点文字、段落文字和路径文字；横排文字蒙版工具和直排文字蒙版工具用来创建文字选区。

文字工具.mp4

2. 文字工具选项栏

在工具箱中选择文字工具后，工具选项栏中会显示文字工具选项栏，如图 4-1 所示。

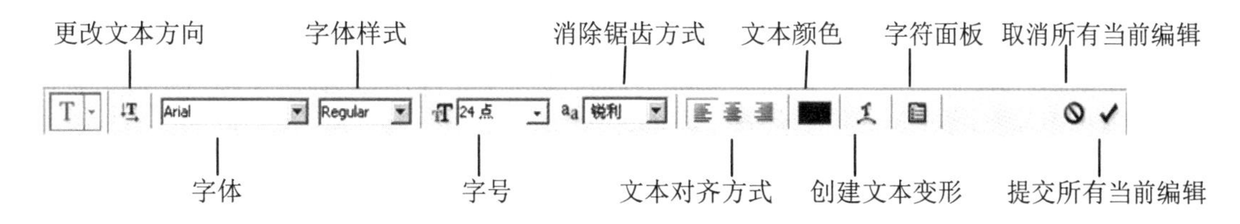

图 4-1 文字工具选项栏

文字工具选项栏中各选项的含义如下。

- 更改文本方向：单击该按钮，可以将水平方向的文本更改为垂直方向，或者将垂直方向的文本更改为水平方向。
- 字体：用于设置文字的字体。

- 字体样式：用于设置文字的字体样式，包括 Regular(规则)、Italic(斜体)、Bold(粗体)和 Bold Italic(粗斜体)等。注意，在“字体”下拉列表框中选择英文字体时，此下拉列表框中的选项才可用。不同字体样式如图 4-2 所示。

text	*text*	**text**	***text***
规则	斜体	粗体	粗斜体

图 4-2　字体样式

- 字号：用于设置文字的大小。
- 消除锯齿方式：用于设置文字边缘消除锯齿的方式，包括“无”“锐利”“犀利”“浑厚”“平滑”5 个选项。Photoshop 会通过部分填充像素边缘来产生边缘平滑的文字，使文字的边缘混合到背景中而看不出锯齿。还可以执行“图层”|“文字”|“消除锯齿方式”命令，在弹出的子菜单中进行设置。
- 文本对齐方式：使用横排文字工具输入水平文字时，文本对齐方式按钮显示为 ，从左到右分别为“左对齐”“水平居中对齐”“右对齐”按钮；使用直排文字工具输入垂直文字时，文本对齐方式按钮显示为 ，从左到右分别为“顶对齐”“垂直居中对齐”“底对齐”按钮。
- 文本颜色：单击该色块，在弹出的“拾色器”对话框中可以设置文本的颜色。
- 创建文字变形：单击该按钮，将弹出“变形文字”对话框，用于设置文字的变形效果。
- 字符面板：单击该按钮，将弹出“字符”面板，用于设置文字的字体和段落格式。
- 取消所有当前编辑：单击该按钮，将取消文本的输入或编辑操作。
- 提交所有当前编辑：单击该按钮，将确认文本的输入或编辑操作。

3. 点文字的输入方法

点文字是一个水平或垂直的文本行，在处理标题等字数较少的文字时，可以通过点文字来完成。利用文字工具输入点文字时，每行文字都是独立的，行的长度随着文字的输入而不断增加，无论输入多少文字都显示在一行内，只有按 Enter 键才能切换到下一行输入文字。

输入点文字的操作方法为：选择横排文字工具或直排文字工具，鼠标指针显示为文字输入形状(或 形状)，在文件中单击，指定输入文字的起点，然后在工具选项栏或“字符”面板中设置相应的选项，再输入需要的文字，按 Enter 键可使文字切换到下一行，单击工具选项栏中的 按钮，即可完成点文字的输入。

4. 格式化字符

格式化字符是指设置字符的属性，包括字体、字号、行距、缩放、比例间距和文字颜色等。输入文字之前，可以在工具选项栏中设置字符属性。创建文字之后，还可以通过“字符”面板设置字符属性。

在默认情况下，设置字符属性会影响所选文字图层中的所有文字；如果要修改部分文字，可以先选择这些文字，再进行设置。

执行“窗口”|“字符”命令，或单击文字工具选项栏中的 按钮，都将弹出“字符”

面板，如图 4-3 所示。

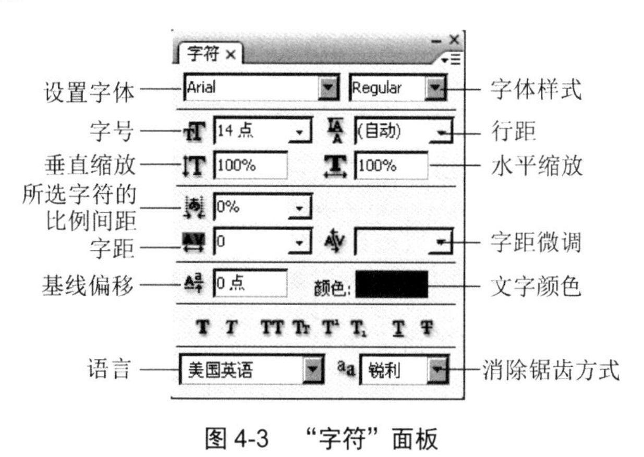

图 4-3　“字符”面板

“字符”面板中各选项的含义如下。

- 行距：用于调整文本中各个文字行之间的垂直距离。同一段落的行与行之间可以设置不同的行距，但文字行中的最大行距决定了该行的行距。
- 字距：选择部分字符后，可以调整所选字符的间距；没有选择字符时，可以调整所有字符的间距。
- 水平缩放/垂直缩放：水平缩放用于调整字符的宽度，垂直缩放用于调整字符的高度。这两个选项值相同时，可以进行等比缩放；不同时，则进行不等比缩放。
- 字距微调：用于调整两个字符之间的间距。操作时首先在要调整的两个字符之间单击，设置插入点，然后再调整数值。
- 基线偏移：用于控制文字与基线的距离，可以升高或者降低所选文字，如图 4-4 所示。

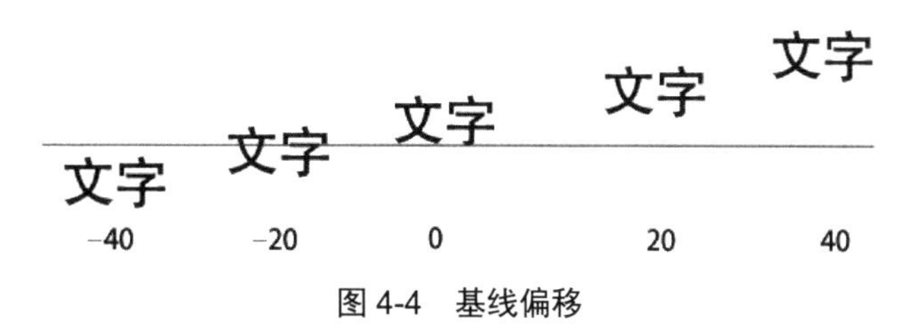

图 4-4　基线偏移

5. 输入文字选区

使用横排文字蒙版工具和直排文字蒙版工具可以创建文字选区，文字选区具有与其他选区相同的性质。

6. 文字的变形

“变形文字”对话框用于设置变形选项，包括文字的变形样式和变形程度。单击文字工具选项栏中的按钮，会弹出“变形文字”对话框，对话框中的选项在默认状态下都显示为灰色，只有在“样式”下拉列表框中选择除“无”以外的其他选项后才可调整，如图 4-5 所示。

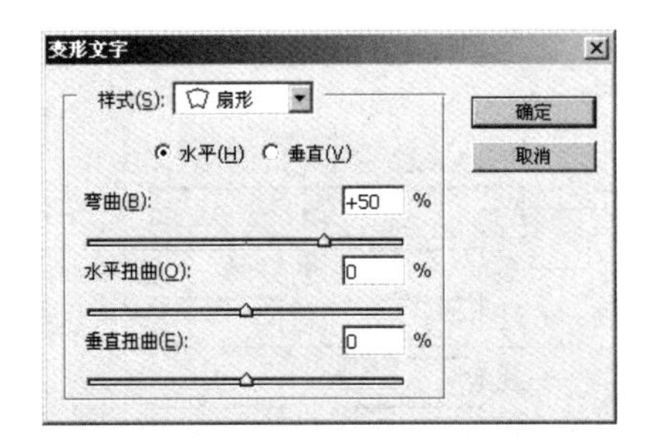

图 4-5 “变形文字”对话框

“变形文字”对话框中各选项的含义如下。

- 样式：包含 15 种变形样式，选择不同样式后产生的文字变形效果如图 4-6 所示。

图 4-6 15 种文字变形效果

- 水平/垂直：设置文本是在水平方向还是在垂直方向上进行变形。
- 弯曲：设置文本扭曲的程度。
- 水平扭曲/垂直扭曲：设置文本在水平或垂直方向上的扭曲程度。

在没有将文本栅格化或者转变为形状之前，可以随时重置与取消变形。

【任务实践】

杂志封面制作.mp4

(1) 执行“文件”|“新建”命令，弹出“新建”对话框，设置文件“名称”为“大国工匠”，“宽度”为 800 像素、“高度”为 1200 像素、“分辨率”为 150 像素/英寸、“颜色模式”为“RGB 颜色”，单击“确定”按钮，完成新建文件操作。

(2) 执行“文件”|“打开”命令，弹出“打开文件”对话框，找到“配套素材文件\项目四”文件夹，打开 4-1.jpg 文件；在工具箱中选择移动工具，拖动文件内容到“大国工匠”文件中，效果如图 4-7 所示。

(3) 执行“文件”|“打开”命令，弹出“打开文件”对话框，找到“配套素材文件\项目四”文件夹，打开 4-2.psd 文件；在工具箱中选择移动工具，拖动文件内容到“大国工匠”文件中，效果如图 4-8 所示。

(4) 执行“文件”|“打开”命令，弹出“打开文件”对话框，找到“配套素材文件\项目四”文件夹，打开 4-3.png 文件；在工具箱中选择移动工具，拖动文件内容到“大国工匠”文件中，效果如图 4-9 所示。

(5) 将鼠标指针移动到图层面板，在 4-3.png 素材层和文字层中间停留鼠标指针，同时按下 Alt+Shift 快捷键创建剪贴蒙版，效果如图 4-10 所示。

图 4-7　新建文件

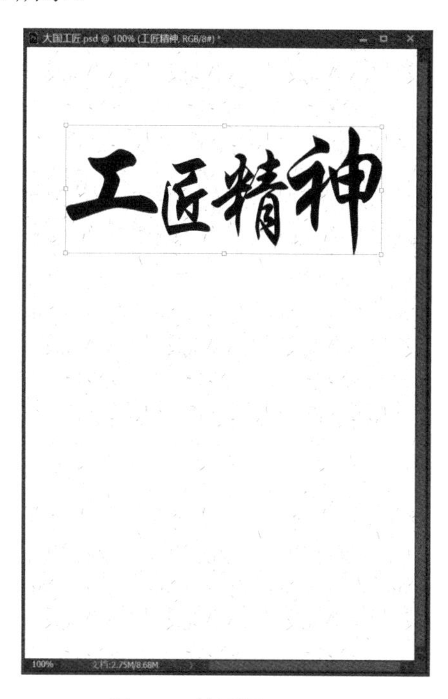

图 4-8　效果图(1)

图 4-9　效果图(2)

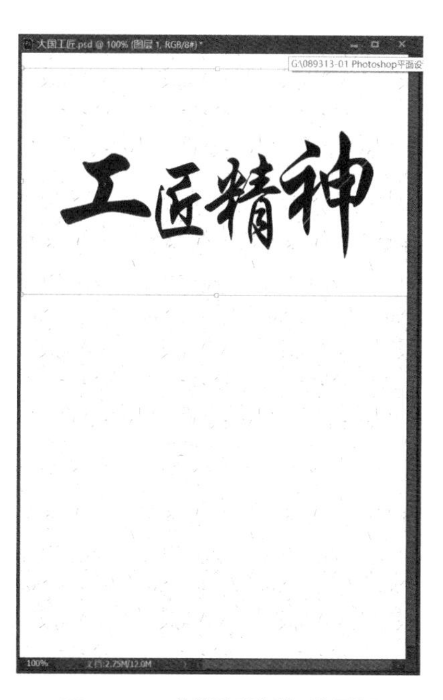

图 4-10　“剪贴蒙版”效果图

(6) 新建图层，将图层混合模式改为“颜色减淡”，设置前景色为黄色(#faed15)，选择画笔工具在文字层上方随意涂抹，不断变换画笔的笔尖及不透明度等选项，制作文字的光影效果，参考效果如图 4-11 所示。

(7) 选择横排文字工具，设置字体为“仿宋”、字号为 16 点、前景色为暗红色(#a51717)，并设置粗体效果，在“工匠精神”下方单击鼠标，输入文字“精益求精，擎起‘中国制造’”，效果如图 4-12 所示。

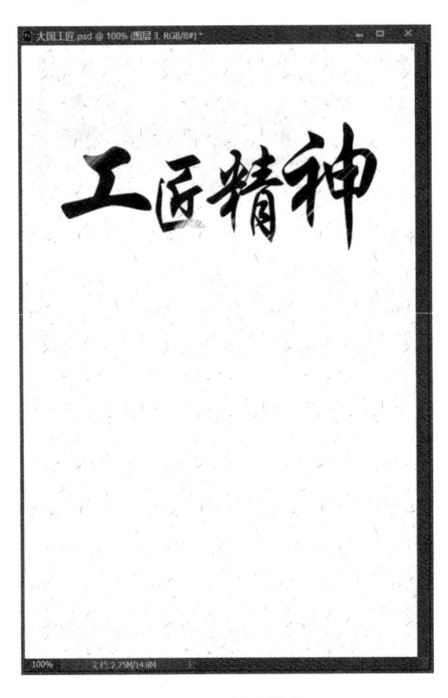

图 4-11　效果图(3)

图 4-12　效果图(4)

(8) 选择横排文字工具，设置字体为“仿宋”、字号为 7 点、前景色为深红色(#550f02)，单击鼠标，输入文字“劳模精神、劳动精神、工匠精神是以爱国主义为核心的民族精神和以改革创新为核心的时代精神的生动体现，是鼓舞全党全国各族人民风雨无阻、勇敢前进的强大精神动力”，效果如图 4-13 所示。

图 4-13　效果图(5)

(9) 选择横排文字工具，设置字体为“微软雅黑”、字号为 14 点、前景色为深红色(#550f02)，单击鼠标输入文字“CRAFTSMAN’S SPIRIT”，效果如图 4-14 所示。

(10) 选择横排文字工具，设置字体为“微软雅黑”、字号为 6 点、前景色为暗红色(#a51717)，单击鼠标输入文字“敬业、精益、专注、创新”，效果如图 4-15 所示。

(11) 执行“文件”|“打开”命令，弹出“打

开文件”对话框，找到“配套素材文件\项目四”文件夹，打开 4-4.psd 文件；在工具箱中选择移动工具，拖动文件内容到“大国工匠”文件中，效果如图 4-16 所示。

(12) 执行“文件”|“打开”命令，弹出“打开文件”对话框，找到“配套素材文件\项目四”文件夹，打开 4-5.png 文件；在工具箱中选择移动工具，拖动文件内容到“大国工匠”文件中，效果如图 4-17 所示。

图 4-14　效果图(6)

图 4-15　效果图(7)

图 4-16　效果图(8)

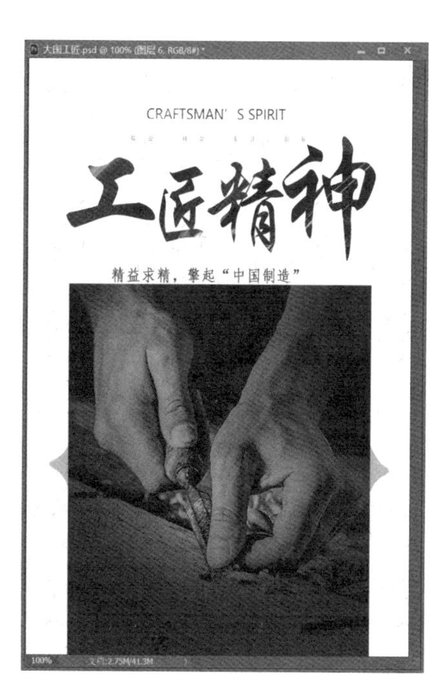

图 4-17　效果图(9)

(13) 将鼠标指针移动到图层面板，在 4-4.psd 素材层和 4-5.png 素材层中间停留鼠标指针，同时按下 Alt+Shift 快捷键创建剪贴蒙版，效果如图 4-18 所示。

(14) 执行“文件”|“打开”命令，弹出“打开文件”对话框，找到“配套素材文件\项目四”文件夹，打开 4-6.psd 文件；在工具箱中选择移动工具，拖动文件内容到“大国工匠”文件中，效果如图 4-19 所示。

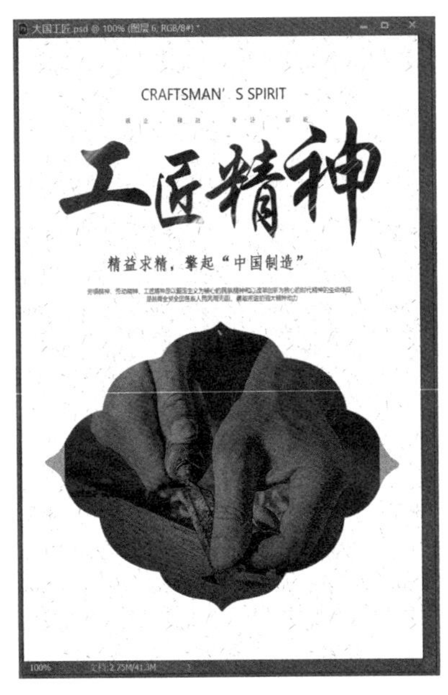

图 4-18　效果图(10)

图 4-19　效果图(11)

(15) 新建图层，将图层混合模式改为“颜色减淡”，设置前景色为白色，选择画笔工具在素材 4-5.png 手部位置拖动鼠标指针，局部提高素材亮度，制作光影效果，如图 4-20 所示。

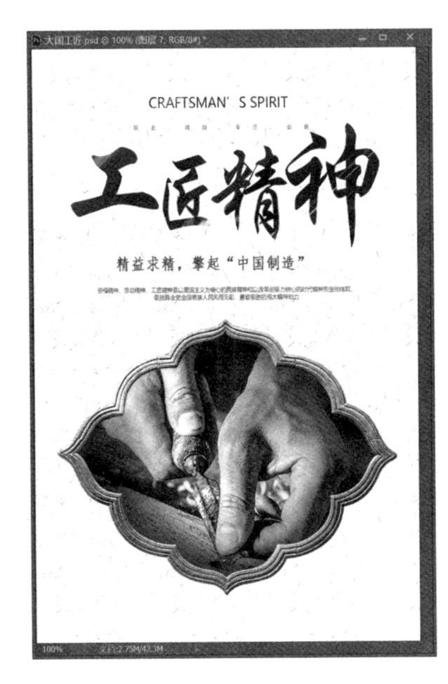

图 4-20　效果图(12)

任务二　杂志版面制作

【知识储备】

一、段落文字

段落文字.mp4

1. 段落文字的输入方法

在输入段落文字之前，可以先利用文字工具绘制一个矩形定界框，以限定段落文字的范围。在输入文字时，系统将根据定界框的宽度自动换行。

输入段落文字的操作步骤如下：在文字工具组中选择横排文字工具或直排文字工具，然后在文件中拖曳光标绘制一个定界框，并在工具选项栏、“字符”面板或“段落”面板中设置相应的选项，即可在定界框中输入所需文字。调整文本定界框的大小或对定界框进行旋转和倾斜操作时，文本会在定界框内重新排列。

2. 点文字和段落文字的转换

在“图层”面板中选择要转换的文字图层，并确保文字未处于编辑状态，然后执行“图层”|“文字”|“转换为点文本”或“转换为段落文本”命令，即可实现点文字与段落文字之间的相互转换。

3. 格式化段落

格式化段落是指设置文本中的段落属性，如设置段落的对齐、缩进和文本行间距等。段落是指末尾带有回车符的任何范围的文字，对于点文字，每行是一个单独的段落；而对于段落文字，由于定界框的不同，一个段落可能包含多行。

执行“窗口”|“字符”命令，或单击“文字”工具选项栏中的按钮，都将弹出“字符”面板，其右侧即为“段落”面板，它的主要功能是设置文字对齐方式和缩进量。当选择横向文本时，“段落”面板如图 4-21 所示。

图 4-21　“段落”面板

1) 段落对齐

“段落”面板顶部的一排按钮用于设置段落的对齐方式，可以将文字与段落的某个边缘对齐。

- 左对齐文本：文字左对齐，段落右端不齐。
- 居中对齐文本：文字居中对齐，段落两端则不齐。
- 右对齐文本：文字右对齐，段落左端不齐。
- 最后一行左对齐：最后一行左对齐，其他行左右两端强制对齐。
- 最后一行居中对齐：最后一行居中对齐，其他行左右两端强制对齐。
- 最后一行右对齐：最后一行右对齐，其他行左右两端强制对齐。
- 全部对齐：在字符间添加额外的间距，使文本左右两端强制对齐。

2) 段落缩进

段落缩进选项用于指定文字与定界框之间或与包含该文字的行之间的间距量。

- 左缩进：横排文字从段落的左边缩进，竖排文字从段落的顶端缩进。
- 右缩进：横排文字从段落的右边缩进，竖排文字从段落的底部缩进。
- 首行缩进：段落中的首行文字缩进。对于横排文字，首行缩进与左缩进有关，对于竖排文字，首行缩进与顶端缩进有关。如果该值为负值，则可以创建首行悬挂缩进。

3) 段落间距

段前添加空格选项和段后添加空格选项用于控制所选段落的间距。

二、将文字图层转换为普通图层

文字图层是矢量元素，必须先将其转换为普通图层后，才能使用画笔、滤镜等工具。将文字图层转换为普通图层的方法是执行“栅格化文字”命令。执行栅格化文字命令的方式有以下 3 种。

(1) 选中文字图层，然后执行“图层”|“栅格化”|“文字”命令，即可将其转换为普通图层。

(2) 在“图层”面板中右击要转换的文字图层，从弹出的快捷菜单中选择“栅格化文字”命令。

(3) 在文字图层中使用编辑工具或命令(如画笔工具、橡皮擦工具和各种滤镜命令等)时，将会弹出 Adobe Photoshop 询问对话框，直接单击“确定”按钮，也可以将文字栅格化。

三、水平文字和垂直文字的转换

在“图层”面板中选择要转换的文字图层，并确保文字未处于编辑状态，然后执行“图层”|“文字”|“水平”或“垂直”命令，或者单击文字工具选项栏中的按钮，可以实现水平文字与垂直文字之间的转换。

四、路径文字

1. 路径文字的输入

路径文字是指创建在路径上的文字，文字会沿着路径轨迹排列。

使用钢笔工具或矢量形状工具创建任意形状的路径。选择文字输入工具后，将鼠标指针放在路径边缘或内部，设置文字输入点，输入文字后，还可以移动路径或更改路径的形状，文字的排列方式将随之改变，如图 4-22 所示。

图 4-22　路径文字

2. 将文字创建为工作路径

执行“图层”|“文字”|“创建工作路径”命令，可以将文字转换为路径。转换后将以临时路径“工作路径”的形式出现在“路径”面板中。

生成的工作路径可以应用填充和描边，或者通过调整锚点得到变形文字。工作路径可以像其他路径一样被存储和编辑，但不能将此路径形态的文字再次作为文本进行编辑。将文字转换为工作路径后，原文字图层保持不变，并可继续进行编辑。

3. 将文字转换为形状

选择文字图层，执行“图层”|“文字”|“转换为形状”命令，可以将文字转换为具有矢量蒙版的形状图层。执行该命令后，原有的文字图层将不会保留文字图层。

【任务实践】

杂志版面制作.mp4

(1) 执行“文件”|“新建”命令，弹出“新建”对话框，设置“名称”为“杂志版面”，“宽度”为1600像素，“高度”为800像素，“分辨率”为72像素/英寸，“颜色模式”为“RGB颜色”，单击“确定”按钮，完成新建文件操作。

(2) 执行“视图”|“标尺”命令，单击鼠标，在刻度为6.8处拖动出一条垂直参考线。

(3) 执行“文件”|“打开”命令，弹出“打开文件”对话框，找到“配套素材文件\项目四”文件夹，打开4-7.psd文件；在工具箱中选择移动工具，拖动文件内容到“杂志版面”文件中，效果如图4-23所示。

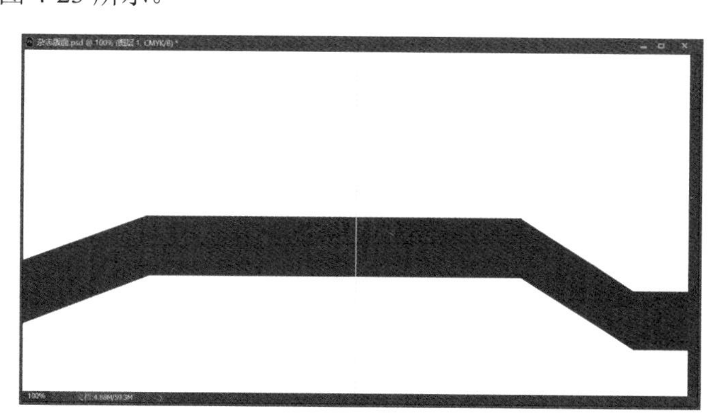

图4-23　背景效果图

(4) 选择横排文字工具，设置字体为“华文新魏”、字号为7点、前景色为蓝色(#234777)，单击鼠标，输入文字“中国航天”，效果如图4-24所示。

(5) 新建图层，选择矩形工具，设置属性栏为“像素”，前景色为蓝色(#234777)，在文字下方拖动形成一个矩形，效果如图4-25所示。

(6) 选择横排文字工具，拖动鼠标在上方绘制矩形段落区域，设置字号为3点，输入与主题相关的文字，完成段落文字的输入，效果如图4-26所示。

(7) 重复执行步骤(5)，在文档不同的位置绘制矩形段落区域并输入相关的文字，参考效果如图4-27所示。

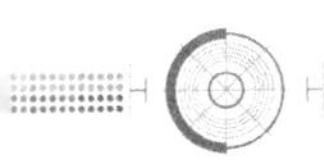

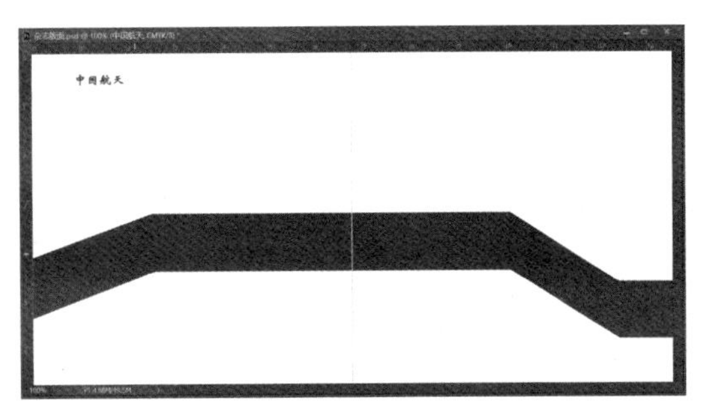

图 4-24　效果图(2)

图 4-25　效果图(3)

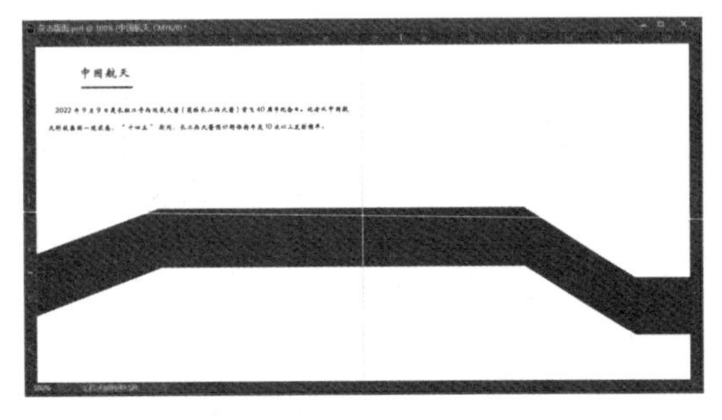

图 4-26　效果图(4)

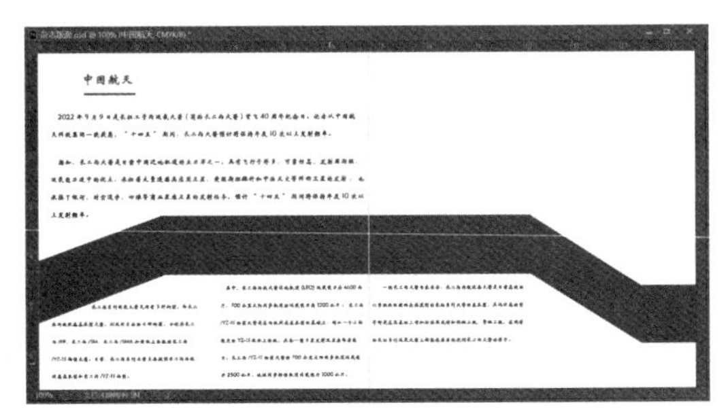

图 4-27　效果图(5)

(8) 执行“文件”|“打开”命令，弹出“打开文件”对话框，找到“配套素材文件\项目四”文件夹，打开 4-8.jpg 文件；在工具箱中选择移动工具，拖动文件内容到“杂志版面”文件中，效果如图 4-28 所示。

(9) 新建图层，选择矩形形状工具，设置绘图模式为“像素”，前景色为粉色(#f5c3b7)，在图片下方绘制矩形形状，效果如图 4-29 所示。

图 4-28　效果图(6)

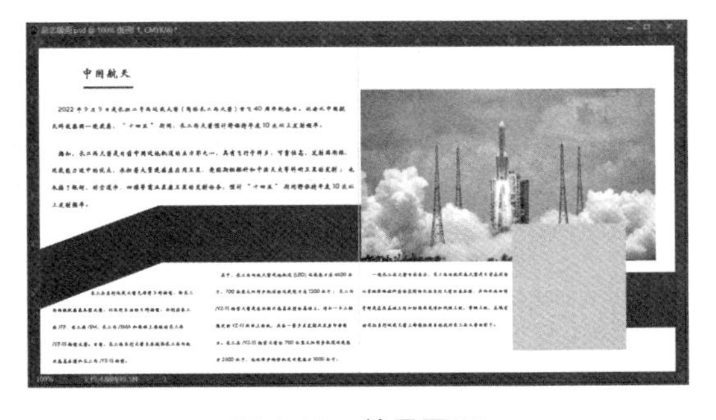

图 4-29　效果图(7)

(10) 在图层面板单击鼠标右键，弹出“混合选项”对话框，选择“描边”选项，设置描边宽度为 24 像素；选择“投影”选项，设置“距离”属性为 35 像素，“大小”为 57 像素，效果如图 4-30 所示。

(11) 执行“文件”|“打开”命令，弹出“打开文件”对话框，找到“配套素材文件\项目四”文件夹，打开 4-9.jpg 文件；在工具箱中选择移动工具，拖动文件内容到“杂志版面”文件中，效果如图 4-31 所示。

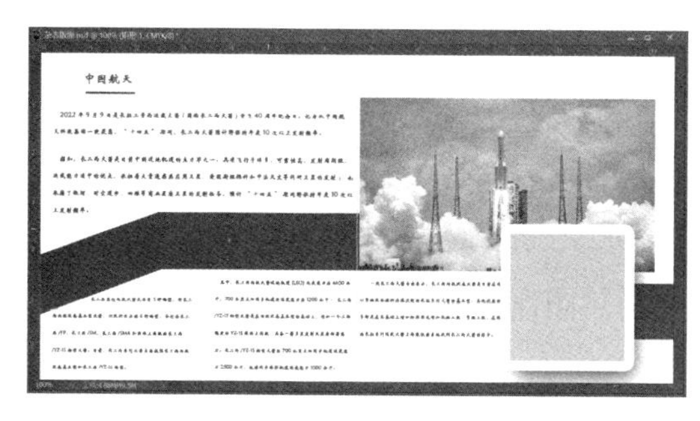

图 4-30　效果图(8)

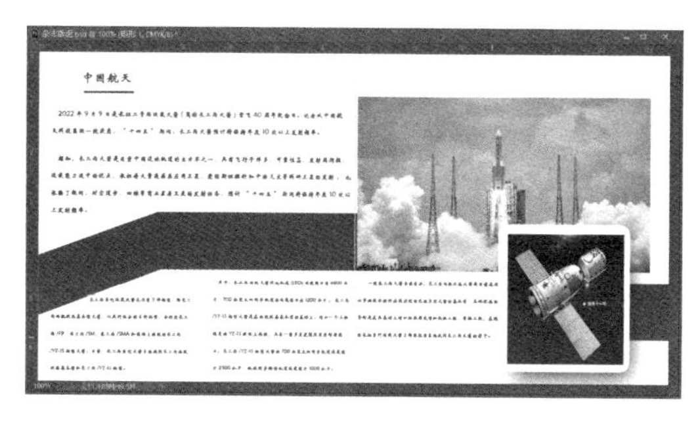

图 4-31　效果图(9)

(12) 在工具箱中选择椭圆形状工具，设置绘图模式为“像素”，按住 Shift 键拖动鼠标指针绘制圆形路径，效果如图 4-32 所示。

(13) 执行“文件”|“打开”命令，弹出“打开文件”对话框，找到“配套素材文件\项目四”文件夹，打开 4-10.psd 文件；在工具箱中选择移动工具，拖动文件内容到“杂志版面”文件中，效果如图 4-33 所示。

图 4-32　效果图(10)

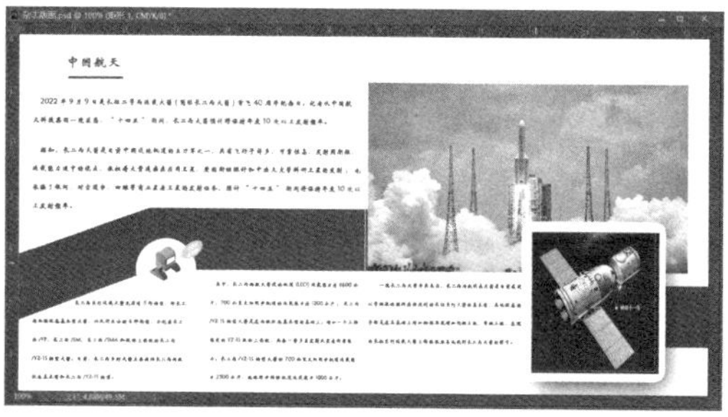

图 4-33　效果图(11)

(14) 执行“文件”|“存储”命令，弹出“存储”对话框，选择文件存储位置，单击“确定”按钮，结束制作。

上机实训　设计制作图书内页

1. 实训背景

在各种设计之中，文字是必不可少的元素，恰当的文字甚至可以起到画龙点睛的作用，也是一种重要的装饰元素。本实训使用文字工具结合段落文本编辑，制作图书的卷首语。

2. 实训内容和要求

本实训通过制作一张图书内页，练习段落文字的输入和格式化等操作。整个页面以浅黄色为主色调，背景采用图层蒙版处理图像间的融合效果。

3. 实训步骤

1) 创建背景元素

(1) 新建文件。

(2) 新建“图层 1”，使用渐变填充工具填充 R:238、G:178、B:85 到白色的线性渐变色，再从白色渐变到 R:245、G:211、B:160。

(3) 打开素材“背景.jpg”文件，将其拖动至当前图像中，重命名图层为“风景背景”，并将图像调整至合适的位置和大小。

(4) 为使图像与背景过渡自然，为“风景背景”图层创建图层蒙版，并填充由黑色到白色的渐变。

(5) 打开素材“花纹.jpg”文件，将其拖动至当前图像中，重命名图层为“花纹背景”，调整至合适的位置和大小。

(6) 为使图像与背景自然过渡，为“花纹背景”图层创建图层蒙版，填充由黑色到白色的渐变，并将该图层的“填充”值设置为 77%。

2) 创建点缀文字

(1) 新建图层“线 1”，使用直线工具绘制一条黑色、3 像素宽的直线；给该图层添加图层蒙版，填充由黑色到白色的渐变，使线条边缘模糊。

(2) 使用直排文字工具输入点文字“卷首语”。

(3) 使用直排文字工具输入点文字“juan shou yu”。

(4) 使用直排文字工具输入点文字“人”和“生”，颜色为 R:184、G:108、B:51。

(5) 给“人”和“生”图层添加“投影”图层样式。

(6) 新建图层“线 2”，使用直线工具绘制一条黑色、3 像素宽的直线；给该图层添加“投影”图层样式。

(7) 使用直排文字工具输入点文字“若只如初见”。

3) 创建段落文本

(1) 使用直排文字工具在画布中绘制一个矩形定界框，输入段落文字。

(2) 设置字符和段落格式。

(3) 制作完成，执行“文件”|“存储”命令，保存文件。

4. 实训素材及效果

实训素材及效果如图 4-34～图 4-36 所示。

图 4-34　素材图(1)

图 4-35　素材图(2)

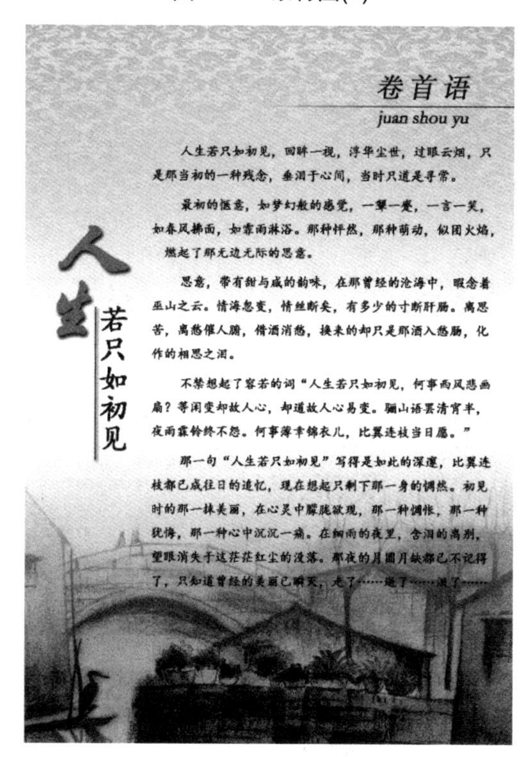

图 4-36　效果图

技能点测试

职业技能要求：能为设计图案添加中文、英文字体文案并设计字体形态。

习　题

1. “变形文字”对话框中提供了很多种文字弯曲样式，下列选项中的(　　)不属于 Photoshop 中的弯曲样式。

A. 扇形　　B. 拱形　　C. 放射形　　D. 鱼形

2. 选择横排文字工具，在其工具选项栏中单击(　　)按钮，可以打开“字符”面板和“段落”面板。

A.　　B.　　C.　　D.

3. 下列工具中，(　　)可用于选择连续的相似颜色的区域。

A. 矩形选框工具　　B. 椭圆选框工具

C. 魔棒工具　　D. 磁性套索工具

4. 如图 4-37 所示的段落文本一侧沿斜线排列，要编排出这种版式，正确的操作步骤是(　　)。

A. 输入文字，然后将文本框旋转一定的角度

B. 使用钢笔工具绘制出闭合四边形路径，将鼠标指针放置在路径内任意位置单击，然后在路径内输入文字即可

C. 使用钢笔工具绘制出开放四边形路径，将鼠标指针放置在路径上任意位置单击，然后在路径内输入文字即可

D. 输入文字，然后对文本框执行“编辑”|“变换”|“变形”命令

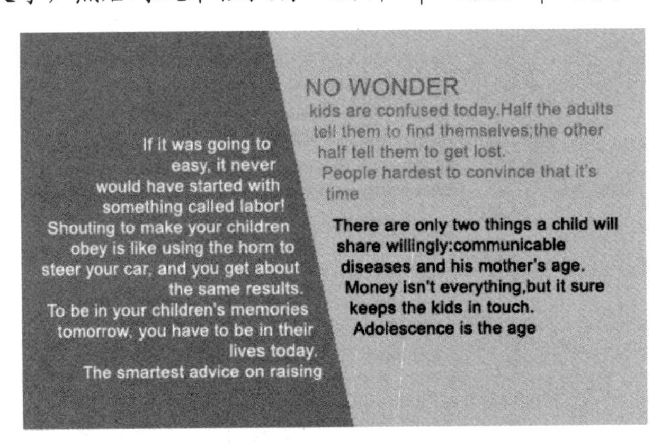

图 4-37　段落文本沿斜线排列

5. 为文字添加投影样式时，如果要使投影边缘的模糊程度增大，需要在“图层样式”面板中调节的参数是(　　)。

A. 大小　　B. 距离　　C. 扩展　　D. 等高线

6. 下列对 Photoshop 中颜色库的描述不正确的是(　　)。

A. 在“色板”面板菜单中执行“载入色板”命令，可以将已有的颜色库添加到当前列表中

B. 可以将颜色库存储在机器的任何位置

C. 如果将库文件存储在 Photoshop 程序文件夹内的 Presets、Swatches 文件夹中，

那么，在重新启动应用程序后，库名称就会出现在“色板”面板菜单底部

D. 在不同的程序间不能共享颜色库

7. 图像的变换操作是 Photoshop 图像处理的常用操作之一，下列(　　)命令可以一次性实现图像多种变换效果。

A. 画布大小　　B. 变换选区　　C. 自由变换　　D. 图像大小

8. 在 Photoshop 众多的图层类型中，可以从整体上调整图像的明暗及色相饱和度的图层是(　　)。

A. 文字图层　　B. 调整图层　　C. 形状图层　　D. 背景图层

9. 当前工具是“文字工具”时对段落文字不可执行的操作是(　　)。

A. 缩放　　B. 旋转　　C. 裁切　　D. 倾斜

10. 当要对文字图层执行滤镜效果时，首先应(　　)。

A. 对文字图层进行栅格化

B. 直接在滤镜菜单下选择一个滤镜命令

C. 确认文字图层和其他图层没有链接

D. 使这些文字变成选择状态，然后在滤镜菜单下选择一个滤镜命令

11. 下面对文字图层描述正确的是(　　)。

A. 文字图层可直接执行所有的滤镜，并且在执行完各种滤镜效果之后，文字仍然可以继续被编辑

B. 文字图层可直接执行所有的图层样式，并且在执行完各种图层样式之后，文字仍然可以继续被编辑

C. 文字图层可以被转换成矢量路径

D. 每个图像中只能建立 8 个文字图层

12. 下列参数中，(　　)不能在“字符”调板中设置。

A. 字体类型　　B. 字体大小　　C. 左缩进　　D. 行距

13. (　　)不属于段落缩进。

A. 左缩进　　B. 右缩进　　C. 首行缩进　　D. 末行缩进

14. 下面关于文字图层的描述，不正确的是(　　)。

A. 通过“图层”→“栅格化”→“图层”，可将文字图层转换为普通层

B. 通过“图层”→“栅格化”→“文字”，可将文字图层转换为普通层

C. “栅格化”是将文字图层转换为普通图层

D. 可以直接在文字图层上绘画

15. 关于文字图层，错误的描述是(　　)。

A. 变形样式是文字图层的一个属性

B. 使用变形可以扭曲文字，但无法将文字变形为波浪形

C. 对文字图层应用“编辑”菜单中的变换命令后仍能编辑文字

D. 使用变形可以扭曲文字，将文字变形为扇形

项目五

电商广告制作——路径详解

【项目导入】

广告设计是平面设计的重要组成部分，是以宣传某一物体或事件为目的的设计活动，重点是通过视觉元素向受众准确地表达诉求点。本项目为电商卖家制作网络广告，试图为卖家引进大流量，提高转化率。

【项目分析】

本项目利用路径及形状工具创建矢量元素，通过对路径的变化与描边、形状工具的变换和填充等操作完成广告主体部分的制作，利用文字转换为形状功能，创建艺术文字效果，完成广告制作。

【能力目标】

- 能够利用路径工具绘制基本几何图形。
- 能够利用文字转换为形状功能，更改文字外形，绘制艺术效果。
- 能够利用路径相关命令完成路径的描边、填充等操作。

【知识目标】

- 掌握路径的相关概念，包括锚点、方向线、方向点等内容。
- 掌握钢笔工具组和形状工具组各个工具的用法，包括钢笔工具、自由钢笔工具、转换点工具。
- 能够利用直接选择、路径选择工具更改路径形状。
- 能够进行路径的绘制、编辑、描边、着色等基本操作，将路径与选区相互转化。

【素质目标】

- 项目选取电商广告制作作为载体，培养学生作为广告从业人员的职业道德和职业素养，养成团队协作、严谨规范的行业意识，激发学生对专业的认同感和责任感，增强学生的职业荣誉感。
- 项目制作融入国风元素，将传统文化与现代场景进行碰撞，引导学生对文化传承和发展的思考。

任务一　广告主体元素制作

【知识储备】

一、广告设计分析

广告设计作为平面设计的一个应用领域，是现代营销传播的重要组成部分，通过创意表达和视觉元素的组合，能够传达品牌信息和产品价值，提升品牌形象和市场竞争力，具有明确的商业目的，旨在吸引消费者注意并促进销售。

1. 广告设计的主要特点

平面广告设计是通过视觉元素的组合和创意表达，传达品牌信息和产品价值的一种广告形式。其主要特点包括以下几个方面。

1) 视觉冲击力强

高质量的图像和具有创意的构图能够增强视觉冲击力，使广告在众多信息中脱颖而出。通过鲜明的色彩搭配和对比，能够吸引受众的注意力。色彩的选择和搭配能够传达情感和品牌个性。

2) 信息传达简洁明了

使用简洁的图标和符号，能够快速传达产品功能和特点，便于受众理解和记忆。简洁明了的文字排版，同时使用易读的字体和适当的字号，可确保信息清晰传达。

3) 创意表达独特

独特的创意构思和设计理念，能够激发受众的兴趣和好奇心，增强消费者对广告的印象。同时，通过将视觉元素的巧妙组合，如色彩、图像、文字和图形的搭配，可创造出独特的视觉效果和情感共鸣。

4) 品牌形象塑造

在广告设计中突出品牌标识和标语，可以强化品牌形象和市场定位。通过一致的设计风格和视觉元素，能够塑造品牌的独特形象和个性，增强品牌的识别度和认同感。

5) 目标受众导向

要根据目标受众的年龄、性别、兴趣和需求，设计个性化或符合其审美和心理需求的广告内容。

6) 版面布局合理

要突出重点信息或产品特色，用户可通过合理的版面布局和视觉层次设计，快速地将重要信息内容展示给受众。要充分利用版面空间，避免信息过于拥挤或空洞，确保广告内容的清晰传达和视觉美感。

2. 平面广告设计要素分析

平面广告设计是通过视觉元素的组合和创意表达，传达品牌信息和产品价值的一种广告形式。其设计要素主要包括以下几个方面。

1) 色彩

(1) 主色调：选择与品牌形象和产品特点相符的主色调，营造特定的情感和氛围。例如，科技产品广告设计常用蓝色和银灰色作为主色调，而食品广告常用暖色调。

(2) 辅助色：通过辅助色的搭配，能够增加视觉层次和对比度，突出重点信息和产品细节。

(3) 色彩心理学：利用色彩心理学原理，选择能够引发特定情感和反应的色彩，能增强广告的吸引力和传播效果。

2) 图像

(1) 产品展示：高质量的产品图像展示，突出产品的外观和细节，增强视觉吸引力。

(2) 背景设计：通过背景的色彩、纹理和构图的巧妙设计，增强广告的整体视觉效果。

(3) 创意图像：使用创意图像和插画，增强广告的独特性和记忆点。

3) 文字

(1) 标题：标题需要简洁明了，使用易读的字体和适当的字号，快速吸引受众的注意力，传达广告的核心信息。

(2) 正文：正文需清晰易读，使用简洁的语言和适当的字号，传达产品功能和特点，便于受众理解和记忆。

(3) 品牌标识：在广告中突出品牌标识和标语，旨在强化品牌形象和市场定位。

4) 图形

(1) 图标设计：使用简洁的图标展示产品的主要功能和特点，增强视觉识别度和记忆点。

(2) 线条运用：通过流畅的线条勾勒产品轮廓和设计元素，增强设计感和视觉效果。

(3) 图形组合：通过图形元素的巧妙组合，创造出独特视觉效果的广告。

5) 版面

(1) 视觉层次：通过合理的版面布局和视觉层次，突出更好的视觉效果。

(2) 空间利用：版面空间合理利用，布局合理。

(3) 对称与不对称：通过对称或不对称布局，创造出平衡或动态的视觉效果。

二、路径的绘制与编辑

Photoshop 中的绘图包括创建矢量形状和路径。路径是 Photoshop 中的重要工具，主要用于绘制光滑线条、定义画笔等工具的绘制轨迹，以及与选择区域之间的转换。

1. 路径的基本概念

路径.mp4

路径是由一个或多个直线或曲线线段组成。锚点会标示出路径线段的端点。在曲线线段上，每个选中的锚点都会显示一个或两个以方向点结束的方向线。方向线和方向点的位置决定曲线线段的尺寸和形状，移动这些元素可以重设路径中的曲线形状。选中的锚点为实心圆形，未选中的锚点为空心圆形。与路径相关的概念如图 5-1 所示。

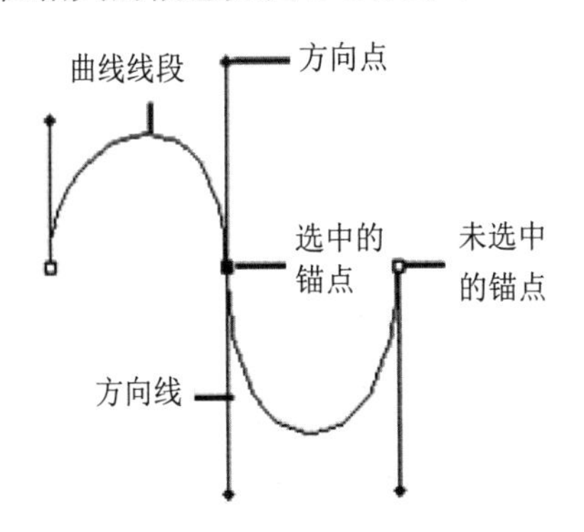

图 5-1　与路径相关的概念

路径可以是封闭的，也可以是开放的。在 Photoshop 中，可以使用钢笔工具、自由钢笔工具或形状工具来创建路径。

2. 钢笔工具

钢笔工具.mp4

钢笔工具 是描绘路径的常用工具，使用钢笔工具，可以直接生成直线路径和曲线路径。在 Photoshop 中开始进行绘图之前，必须从工具选项栏中选择绘图模式。所选的绘图模式将决定是在新图层上创建矢量形状，还是在现有图层上创建工作路径，或是在现有图层上创建栅格化形状。单击钢笔工具，其工具选项栏如图 5-2 所示。

图 5-2 钢笔工具选项栏

绘图模式下拉列表框中各选项的含义如下。

- 路径：在当前图层中绘制一个工作路径，可随后用来创建选区、矢量蒙版，或者使用颜色填充和描边以创建栅格图形(与使用绘画工具类似)。除非存储工作路径，否则它就是一个临时路径。路径会出现在“路径”面板中。
- 形状：在单独的图层中创建形状。用户可以使用形状工具或钢笔工具来创建形状图层。因为可以方便地移动、对齐、分布形状图层以及调整其大小，所以形状图层非常适用于为 Web 页创建图形。可以选择在一个图层上绘制多个形状。形状图层包含定义形状颜色的填充图层以及定义形状轮廓的链接矢量蒙版。形状轮廓是路径，它出现在“路径”面板中。
- 像素：直接在图层上绘制，与绘画工具的功能非常类似。在此模式下，创建的是栅格图像，而不是矢量图形。用户可以像处理任何栅格图像一样来处理绘制的形状。在此模式中，用户只能使用形状工具。

3. 绘制直线

绘制直线.mp4

使用钢笔工具可以绘制的最简单路径是直线。将钢笔工具定位在起点并单击创建第一个锚点，继续单击可创建由直线段组成的路径。

按 Shift 键并单击，可以将方向线的角度限制为 45°的倍数。如果要绘制闭合路径，则可将钢笔工具定位在初始锚点上，此时，钢笔工具指针旁将出现一个小圆圈，单击或拖动均可闭合路径。开放路径与闭合路径如图 5-3 所示。

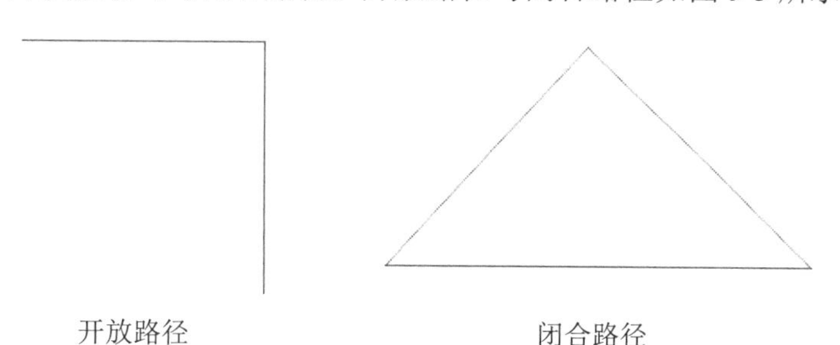

图 5-3 开放路径与闭合路径

4. 绘制曲线

绘制曲线.mp4

选择钢笔工具，单击定位曲线的起点，按住鼠标左键，此时会出现方向线和方向点，拖动鼠标以设置方向线的长度与角度，释放鼠标后创建第一个锚点；以此类推，便可以创建曲线。绘制曲线时，相邻锚点的方向线方向相反会出现弧线；方向线方向相同则出现 S 形曲线，这称为“同向 S，反向弧”。弧线与 S 形曲线如图 5-4 所示。

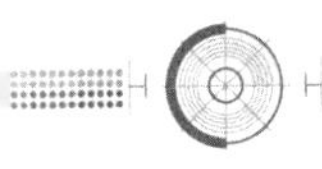

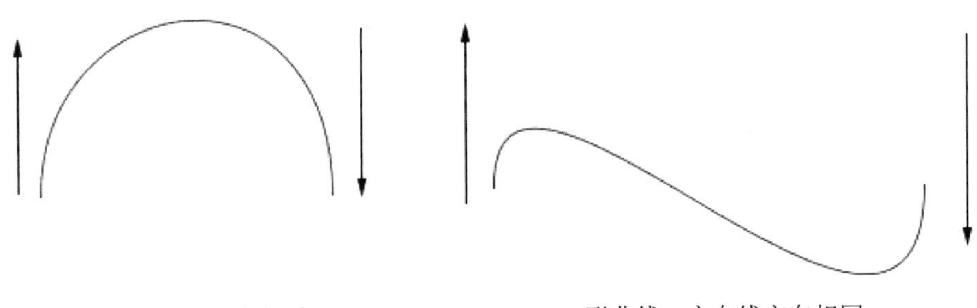

图 5-4　弧线与 S 形曲线

5. 曲线的组成

曲线分为平滑曲线和锐化曲线两种类型。平滑曲线由称为平滑点的锚点连接，锐化曲线由角点连接。平滑点和角点如图 5-5 所示。

当在平滑点上移动方向线时，将同时调整平滑点两侧的曲线段；当在角点上移动方向线时，只调整与方向线同侧的曲线段。调整平滑点和角点的效果对比如图 5-6 所示。

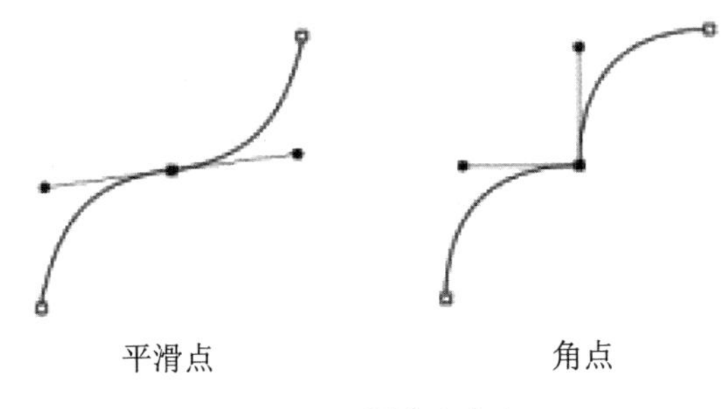

图 5-5　平滑点和角点

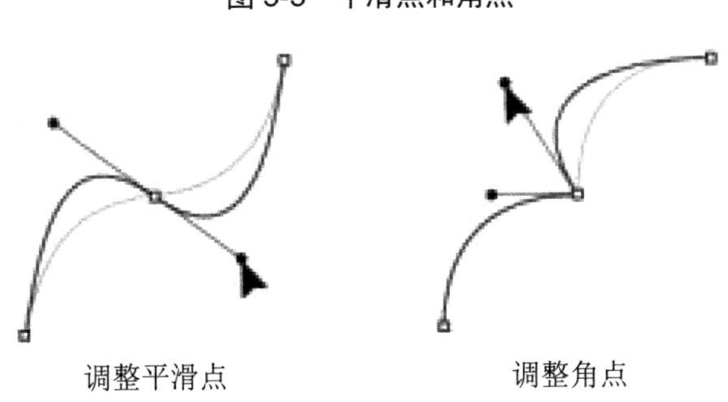

图 5-6　调整平滑点和角点

平滑点和角点可以互相转换。要将角点转换为平滑点，可以单击角点并向外拖动，使方向线出现；单击并拖动平滑点，则可以将其转换为没有方向线的角点。角点和平滑点的互相转换如图 5-7 和图 5-8 所示。

6. 自由钢笔工具

使用自由钢笔工具可随意绘图，就像用铅笔在纸上绘图一样。绘图时可自由添加锚点，绘制路径时无须确定锚点位置。在绘制不规则路径时，自由钢笔工具的工作原理与磁性套索工具相同，它们的区别在于自由钢笔工具创建的是路径，而磁性套索工具创建的是选区。使用自由钢笔工具绘图时，工具选项栏中会出现“磁性的”复选框。选中该复选框，可以将自由钢笔工具转换成磁性钢笔工具。使用磁性钢笔工具绘图，可以绘制与图像中定义区域的边缘对齐的路径，它和磁性套索工具有很多相同的选项。

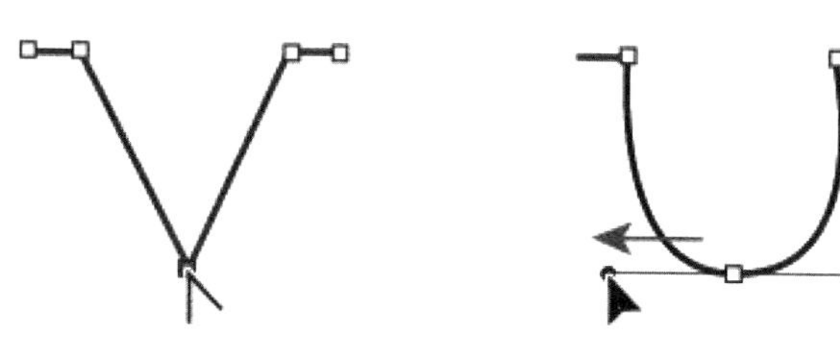

图 5-7　将方向点拖动出角点以创建平滑点

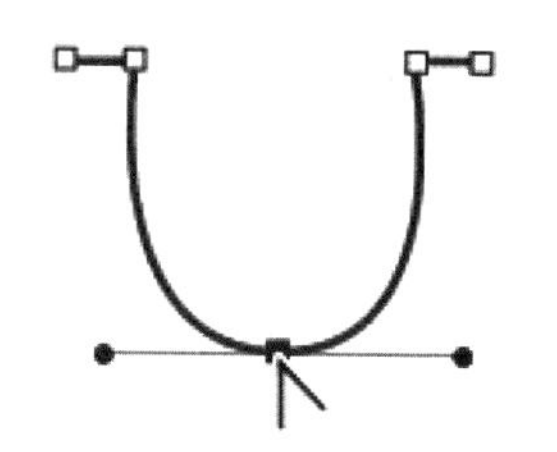

图 5-8　单击平滑点以创建角点

7. 路径选择工具

路径选择工具.mp4

在“路径”面板中选择路径，再使用路径选择工具单击路径中的任何位置，即可选择路径(包括形状图层中的形状)，并可以在图像中移动路径。要选择多个路径组件，可以按住 Shift 键并单击其他路径组件，将路径同时选中，一同编辑。

使用路径选择工具选择路径后，按住 Alt 键并拖动所选路径可以复制选中的路径。在工具选项栏中选中“显示定界框”复选框，可以对选中的路径进行自由变换。选择多个路径后，工具选项栏中的对齐与分布选项高亮显示，可以进行顶对齐、垂直居中对齐、底对齐、左对齐、水平居中对齐、右对齐等对齐操作，以及按顶分布、垂直居中分布、按底分布、按左分布、水平居中分布、按右分布等操作。

8. 直接选择工具

直接选择工具.mp4

直接选择工具主要用于选择并移动锚点。在“路径”面板中选择路径，使用直接选择工具单击路径中的锚点，可以移动锚点及其方向线，按住 Alt 键可以单独修改锚点的一条方向线。在使用过程中按住 Ctrl 键，将切换到路径选择工具。

【任务实践】

任务一制作思路.mp4

(1) 执行“文件”|“新建”命令，弹出“新建”对话框，设置“名称”为“电商广告制作”、“宽度”为 1200 像素、“高度”为 675 像素、“分辨率”为 72 像素/英寸、“颜色模式”为“RGB 颜色”，单击“确定”按钮，完成新建文件操作。

(2) 设置前景色为#85d1b5，按 Alt+Delete 快捷键填充前景色。

(3) 选择椭圆工具，将属性栏的选项设为“像素”，设置前景色为#e0faf1，在图像左半部绘制正圆形状，效果如图 5-9 所示。

图 5-9　效果图(1)

(4) 右击图层，在弹出的快捷菜单中执行“混合选项”命令，弹出“图层样式”对话框；选中“描边”复选框，将“大小”设置为 21 像素，“颜色”设置为#e5d491，单击“确定”按钮，效果如图 5-10 所示。

图 5-10　效果图(2)

(5) 执行“文件”|“打开”命令，弹出“打开文件”对话框，找到“配套素材文件\项目六”文件夹，打开 5-1.psd 文件，使用移动工具将图层移动到圆形区域中，效果如图 5-11 所示。

(6) 执行“文件”|“打开”命令，弹出“打开文件”对话框，找到“配套素材文件\项目五”文件夹，打开 5-2.psd 文件，使用移动工具将图层移动到圆形区域底部。

(7) 将鼠标指针移动到图层面板，在存放素材 5-2.psd 的图层和存放素材 5-1.psd 的图层中间停留鼠标，同时按下 Alt+Shift 快捷键创建剪贴蒙版；移动鼠标指针，在存放素材 5-2.psd 的图层和图层 1 中间停留鼠标指针，同时按下 Alt+Shift 快捷键再次创建剪贴蒙版，效果如图 5-12 所示。

图 5-11　效果图(3)

图 5-12　效果图(4)

(8) 执行“文件”|“存储”命令，弹出“存储”对话框，选择文件存储位置，单击“确定”按钮，结束制作。

任务二　广告装饰元素制作

【知识储备】

一、“路径”面板

执行“窗口”|“路径”命令，可以打开“路径”面板，如图 5-13 所示。

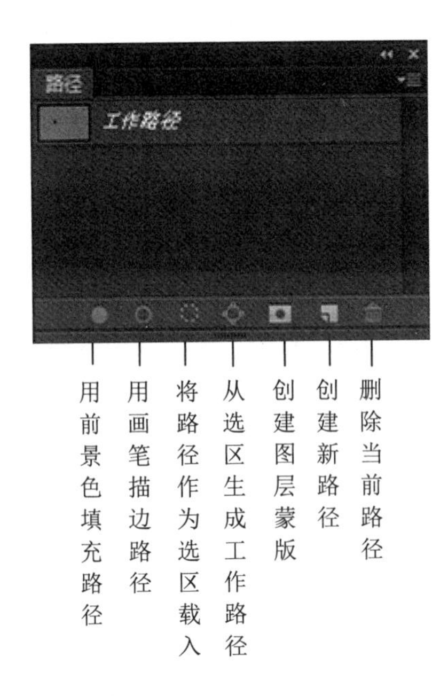

图 5-13 “路径”面板

二、路径应用

1. 使用前景色填充路径

使用钢笔工具创建的路径只有在经过描边或填充处理后，才会成为图像的一部分。“填充路径”命令可用于使用指定的颜色、图像状态、图案或填充图层来填充包含像素的路径。在“路径”面板中选择路径，单击“路径”面板底部的“填充路径”按钮，即可填充前景色。

2. 使用画笔描边路径

路径描边.mp4

“描边路径”命令可用于绘制路径的边框。此命令可以沿任何路径创建绘画描边，对路径进行描边。在使用此命令之前，应该先设置画笔的笔尖形状。

3. 将路径转换为选区

路径提供平滑的轮廓，可以将它们转换为精确的选区边框；也可以使用直接选择工具进行微调，将选区边框转换为路径。任何闭合路径都可以定义为选区边框。在“路径”面板中选择路径，单击“路径”面板底部的“将路径作为选区载入”按钮，可以将路径转换为选区。右击工作路径，会弹出“建立选区”对话框，也可以创建选区，如图 5-14 所示。

其中，“操作”选项组中各单选按钮的含义如下。

- 新建选区：只选择路径定义的区域。
- 添加到选区：将路径定义的区域添加到原选区中。
- 从选区中减去：从当前选区中移除路径定义的区域。
- 与选区交叉：选择路径和当前选区的共有区域。如果路径和选区没有重叠，则不会选择任何内容。

4. 将选区转换为路径

选区与路径.mp4

选区也可以转换为路径。单击“路径”面板底部的“从选区生成工作路径”按钮，可以将当前选区创建为路径。单击“路径”面板中的菜单按钮，在弹出的菜单中执行“建立工作路径”命令，会弹出“建立工作路径”对话框，如图 5-15 所示。执行“建立工作路径”命令可以消除选区上的所有羽化效果。将选区转换为路径时，可以根据路径的复杂程度和在“建立工作路径”对话框中设置的容差值来改变选区的形状。

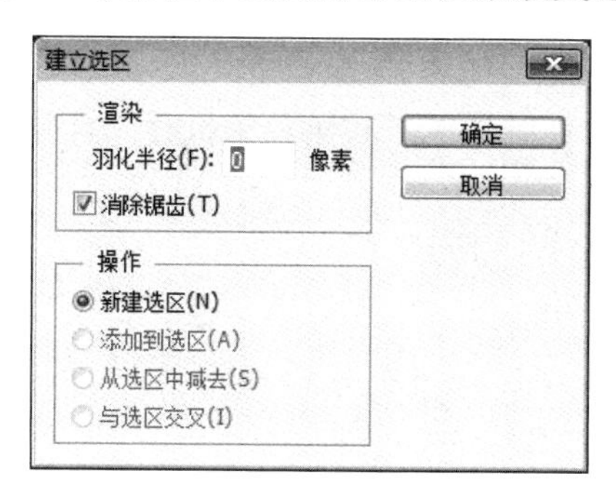

图 5-14　“建立选区”对话框

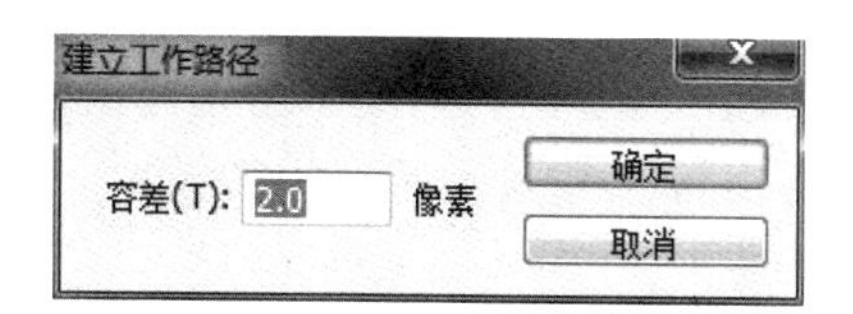

图 5-15　“建立工作路径”对话框

5. 存储工作路径

“路径”面板中的工作路径是临时路径，还未保存。要存储路径，可以将工作路径名称拖动到“路径”面板底部的“创建新路径”按钮上，路径自动使用默认名称保存。在“路径”面板菜单中执行“存储路径”命令，可以设置新的路径名。

6. 选择/取消选择路径

在“路径”面板中单击路径名可以选择路径，一次只能选择一条路径。在“路径”面板的空白区域中单击，或按 Esc 键可以取消路径选择。

7. 变换路径

变换路径.mp4

在“路径”面板中选择路径后，执行“编辑”|“自由变换路径”命令，可以自由变换路径。执行“编辑”|“变换路径”命令，会弹出变换路径的子菜单，包括缩放、旋转、斜切、扭曲、透视、变形、翻转等命令，其工作原理与“编辑”|“变换”子菜单中的变换命令的功能基本相同。

【任务实践】

任务二制作思路.mp4

(1) 新建文件，在工具箱中选择钢笔工具，单击创建第一个锚点，向上拖动方向线，释放鼠标后向右上方移动鼠标指针，单击创建第二个锚点，向下方拖动方向线，释放鼠标后向右上方移动鼠标指针，单击创建第三个锚点，向上方拖动方向线，绘制一段曲线，效果如图 5-16 所示。

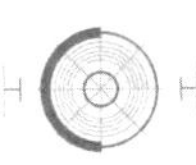

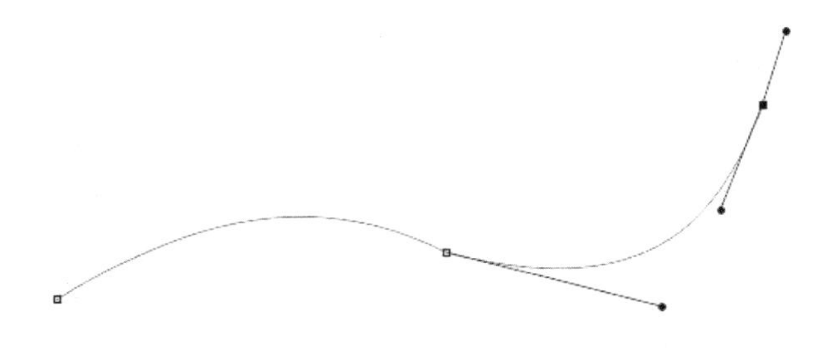

图 5-16　效果图(1)

(2) 在钢笔工具选项栏中，单击形状运算按钮，在弹出的下拉菜单中执行“合并形状”命令，如图 5-17 所示。

(3) 绘制第二条曲线，两条曲线相交，效果如图 5-18 所示。

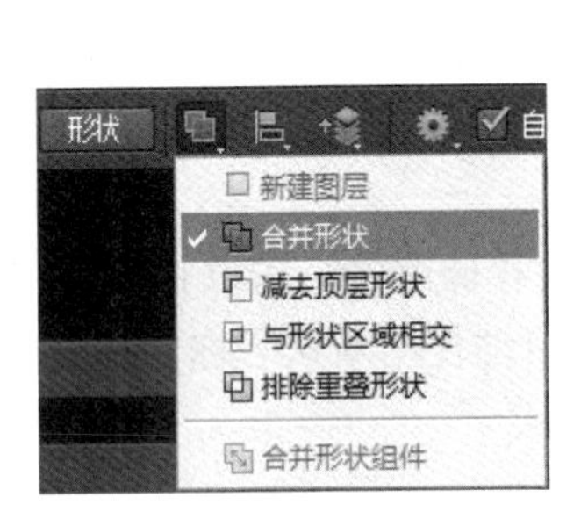

图 5-17　执行“合并形状”命令

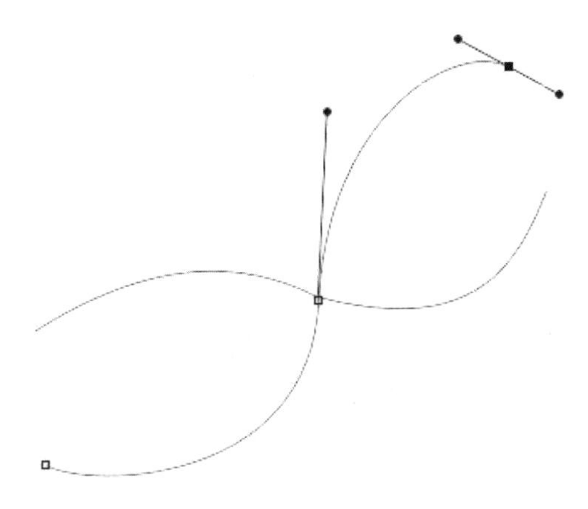

图 5-18　效果图(2)

(4) 在工具箱中选择路径选择工具，按住 Shift 键，单击两条曲线，会将两条曲线同时选中。

(5) 按 Ctrl+T 快捷键，设置旋转角度为 10°，双击鼠标完成旋转动作。

(6) 按 Ctrl+Alt+Shift+T 组合键，重复执行旋转命令，连续执行 6 次旋转，效果如图 5-19 所示。

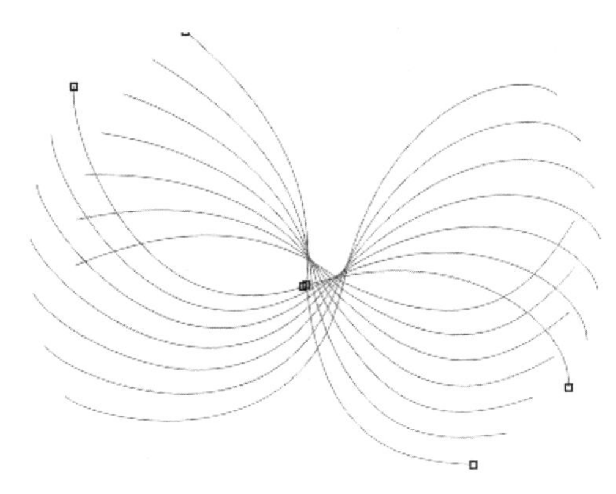

图 5-19　效果图(3)

(7) 将背景图层填充为黑色后新建图层；选择画笔工具，设置笔尖为 2 像素、前景色为白色，在“路径”面板中单击“描边路径”按钮，效果如图 5-20 所示。

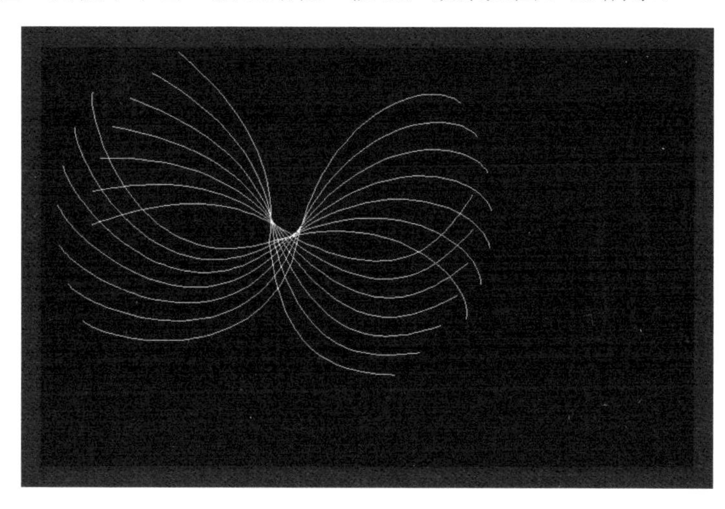

图 5-20　效果图(4)

(8) 选择移动工具，将“图层 1”移动到“电商广告制作”文件中。

(9) 复制图层，将绘制的路径铺满整个文件，大小及位置随意；选中所有复制图层，执行“图层”|“合并图层”命令，将装饰纹路合并为一个图层。

(10) 将合并过的图层模式设置为“饱和度”；选择橡皮擦工具，擦除图像中间部分的纹路，效果如图 5-21 所示。

图 5-21　效果图(5)

(11) 执行“文件”|“存储”命令，弹出“存储”对话框，选择文件存储位置，单击“确定”按钮，结束制作。

任务三　广告文字元素制作

【知识储备】

一、形状工具组

形状工具组.mp4

Photoshop 中的绘图包括创建矢量形状和路径。在 Photoshop 中，可以使用任何形状工具、钢笔工具或自由钢笔工具进行绘制。形状工具组包括矩形工具、圆角矩形工具、椭圆工具、多边形工具、直线工具以及自定形状工具。无论选择哪个工具绘制图形，都要先选择绘图模式，具体方法和钢笔工具的用法相同。

1. 绘制单个圆形

选择任意形状工具，拖动鼠标即可绘制形状。每个形状工具都提供了相应的选项子集。下面以直线工具和椭圆工具为例，来说明选项子集的用法。

1) 直线工具

选择直线工具，单击设置图标，弹出选项子集，如图 5-22 所示。

选项子集中各选项的含义如下。

- 起点/终点：用于向直线中添加箭头。选择直线工具，然后选中“起点”复选框，即可在直线的起点添加一个箭头；选中“终点”复选框，即可在直线的终点添加一个箭头；选中这两个选项，即可在直线的两端添加箭头。
- 宽度/长度：以直线宽度和长度的百分比指定箭头的比例(“宽度”值从 10%到 1000%，“长度”值从 10%到 5000%)。
- 凹度：定义箭头最宽处(箭头和直线在此相接)的曲率，范围为-50%至+50%。

2) 椭圆工具

选择椭圆工具，单击设置图标，弹出选项子集，如图 5-23 所示。

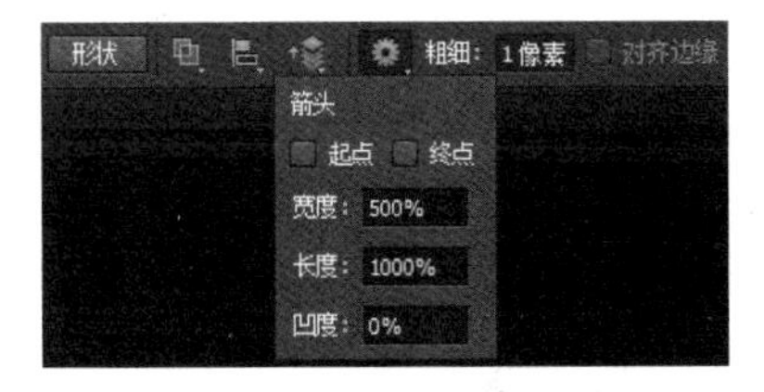

图 5-22　直线工具选项子集

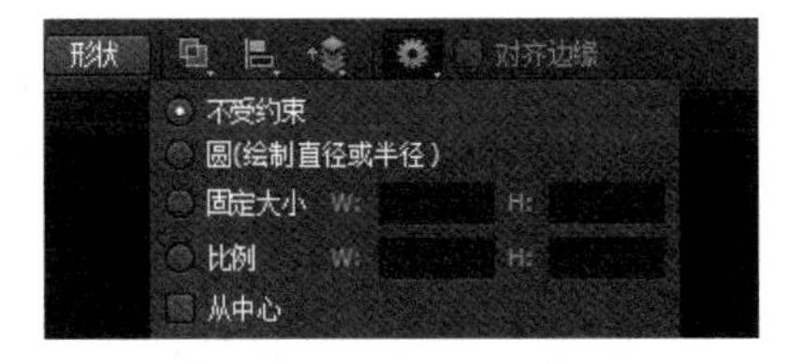

图 5-23　椭圆工具选项子集

选项子集中各选项的含义如下。

- 圆：将椭圆约束为圆。
- 比例：基于创建自定形状时所使用的比例对自定形状进行渲染。
- 固定大小：根据在 W 文本框和 H 文本框中输入的值，将矩形、圆角矩形、椭圆形或自定形状渲染为固定形状。
- 从中心：从中心开始渲染矩形、圆角矩形、椭圆或自定形状。

按住 Shift 键拖动鼠标绘制图形，可以将矩形或圆角矩形约束成方形，将椭圆约束成圆，或将线条角度限制为 45° 的倍数。按住 Alt 键，可以从中心向外绘制图形，中心点为鼠标指针单击的位置，如图 5-24 所示。

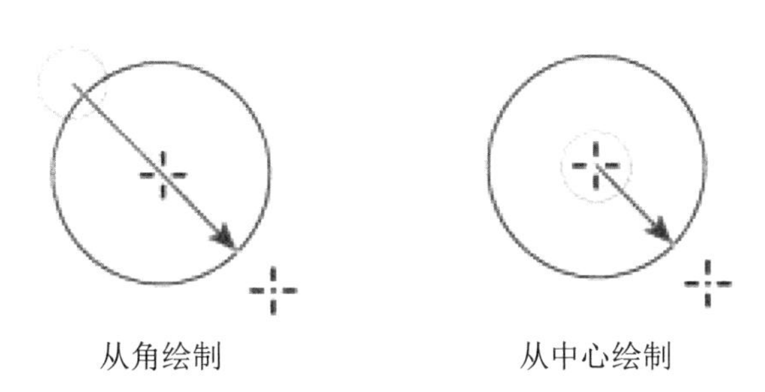

图 5-24　从角绘制和从中心绘制

2. 绘制多个形状

在路径图层中可以绘制多个单独的形状，也可以使用“添加到形状区域”“从形状区域减去”“交叉形状区域”或“重叠形状区域除外”选项来修改图层中的当前形状。

- 添加到形状区域：将新的区域添加到现有形状或路径中。
- 从形状区域减去：将重叠区域从现有形状或路径中减去。
- 交叉形状区域：将区域限制为新区域与现有形状或路径的交叉区域。
- 重叠形状区域除外：从新区域和现有区域的合并区域中排除重叠区域。

3. 绘制自定形状

通过使用自定形状工具，可以挑选 Photoshop 软件自带的形状绘制图形，也可以存储用户绘制的形状，以便用作自定形状。

4. 存储形状或路径作为自定形状

在“路径”面板中选择路径，执行“编辑”|“定义自定形状”命令，在弹出的“形状名称”对话框中输入新自定形状的名称，即可将存储形状或路径作为自定形状，新形状会显示在工具选项栏的形状下拉面板中。若要将新的自定形状存储为新库的一部分，可以在面板菜单中执行“存储形状”命令。

二、文字转换为形状

通过将文字转换为形状，可以创建艺术字。输入文字后，执行“图层”|“文字”|“转换为形状”命令，即可将当前文字图层转换为形状图层。同时，在“路径”面板中，会自动生成一个具有矢量蒙版的形状图层。将文字转换成形状以后，不会再保留文字图层。

三、文字转换为工作路径

输入文字后，执行“图层”|“文字”|“创建工作路径”命令，即可将当前文字图层转换为工作路径。可以使用钢笔工具或路径选择工具对工作路径进行编辑，使其变成需要的美术字外观。

【任务实践】

任务三制作思路.mp4

(1) 执行“文件”|“打开”命令，弹出“打开文件”对话框，找到“配套素材文件\项目五”文件夹，打开 5-2.psd 文件，使用移动工具将图层移动到圆形区域底部，效果如图 5-25 所示。

图 5-25　效果图(1)

(2) 执行“文件”|“打开”命令，弹出“打开文件”对话框，找到“配套素材文件\项目五”文件夹，打开 5-3.psd 文件，使用移动工具将图层移动到文件右上角，效果如图 5-26 所示。

图 5-26　效果图(2)

(3) 右击素材 5-3.psd 图层，在弹出的快捷菜单中选择“混合选项”命令，弹出“图层样式”对话框；在左侧的列表框中选中“投影”复选框，设置角度为 82，距离为 14，扩展为 19，“大小”为 43 像素，效果如图 5-27 所示。

(4) 复制图层，将图层移动到文件左下角，并旋转缩放到合适大小，效果如图 5-28 所示。

(5) 在工具箱中选择横排文字工具，设置“前景色”为浅绿色(#459074)、字体为华文新魏、字号为 120 点，输入文字“新国货大赏”。

(6) 右击文字层，在弹出的快捷菜单中执行“栅格化文字”命令。

图 5-27　效果图(3)

图 5-28　效果图(4)

(7) 右击文字层，弹出“图层样式”对话框，在左侧的列表框中选中“描边”复选框，设置颜色为黄色(#e3d290)，大小为 1 像素；选中“光泽”与“内发光”选项，属性均为默认值；选中“投影”复选框，设置角度为 82°，距离为 6，扩展为 6，大小为 8 像素，效果如图 5-29 所示。

图 5-29　效果图(5)

(8) 在工具箱中选择横排文字工具，设置前景色为绿色(#2f7678)、字体为黑体、字号为

28 点，输入文字“时尚穿搭/全场 2 件 8 折”。

(9) 右击文字层，弹出“图层样式”对话框，在左侧的列表框中选中“描边”复选框，设置颜色为浅黄色(#fdf4dc)，大小为 3 像素；选中“投影”复选框，设置角度为 82°，距离为 7，扩展为 0，大小为 0 像素。

(10) 执行“文件”|“打开”命令，弹出“打开文件”对话框，找到“配套素材文件\项目五”文件夹，打开 5-4.psd 文件。

(11) 在工具箱中选择移动工具，拖动 5-4.psd 文件的内容到文字层下方作为装饰元素。

(12) 复制素材 5-4.psd 所在图层，移动到旗袍上方作为装饰元素，调整大小及位置，效果如图 5-30 所示。

图 5-30　效果图(6)

(13) 执行“文件”|“存储”命令，弹出“存储”对话框，选择文件存储位置，单击“确定”按钮，结束制作。

上机实训　设计制作动画形象

1. 实训背景

动画文化蕴含着丰富的思想道德教育、审美教育、个性化创造以及绘画技能运用等内容，本实训要求使用钢笔工具绘制动画形象，掌握路径的相关概念及基本工具的用法，同时掌握路径的绘制和编辑操作。

2. 实训内容和要求

本实训绘制的企鹅动画形象幽默夸张、生动可爱，是用绘画语言讲述故事的影视艺术形式中的艺术形象。实训中运用 Photoshop 基本工具完成创作，要求掌握钢笔工具、自由钢笔工具、转换点工具的用法。

3. 实训步骤

(1) 新建文件。

(2) 创建“图层 1”，使用椭圆选框工具画出选区并填充黑色，构成企鹅的身体。

(3) 新建“图层 2”，使用多边形套索工具，在身体左侧绘制三角形选区并填充黑色；在“图层”面板中，把“图层 2”拖动到面板下方的“创建新图层”按钮上，生成“图层 2 副本”；执行“编辑”|“变换”|“水平翻转”命令，使用移动工具将图像拖动到身体的右侧，制作胳膊效果。

(4) 继续分层画出企鹅的眼部和脚部，分别填充白色和黄色。

(5) 画出企鹅的黑眼珠。

(6) 继续画出企鹅的黄色鼻子和灰色肚皮。

(7) 选择“图层 2 副本”，新建“图层 8”，使用椭圆选框工具创建选区。

(8) 使用渐变工具绘制渐变效果。

(9) 在“图层 6”创建选区，然后绘制渐变效果。

(10) 用同样的方法处理企鹅的脚和眼睛。

(11) 在背景图层填充喜欢的颜色。

4. 效果参考图

效果如图 5-31 所示。

图 5-31　效果参考图

技能点测试

职业技能要求：能使用钢笔工具设计并绘制基本和不规则图形的图案；能设计标志，图标、按钮、工具条等相关的图标图形。

习　　题

1. 要调节路径的平滑角和转角形态，应采用的工具是(　　)。

   A. [图标]　　B. [图标]　　C. [图标]　　D. 自由钢笔工具

2. 在路径的调整过程中，如果要整体移动某一路径，可以使用(　　)工具来实现。

   A. [图标]　　B. [图标]　　C. [图标]　　D. [图标]

3. 能够将“路径”面板中的工作路径转换为选区的快捷键是(　　)。

   A. Ctrl+Enter　　B. Ctrl+E　　C. Ctrl+T　　D. Ctrl+V

4. 单击“动作”面板中的(　　)按钮，可以新建一个动作组。动作组如同图层中的图层组，是用来管理具体动作的。

A. [icon]　　B. [icon]　　C. [icon]　　D. [icon]

5. 使用多边形工具在背景图层中绘制一个普通的单色填充多边形，绘制前应先在工具选项栏中单击(　　)按钮。

A. 路径　　B. 形状　　C. 像素　　D. 选区

6. 在 Photoshop 中为一条直线自动添加箭头的正确操作是(　　)。

A. 在矩形选框工具选项栏中设置“箭头”参数

B. 在直线工具选项栏先设置“箭头”参数，然后绘制直线

C. 先使用直线工具绘制出一条直线，然后再修改工具选项栏中的“箭头”参数

D. 使用绘图工具在直线一端绘制箭头图形

7. 要想使图 5-32(a)中的曲线路径局部变为如图 5-32(b)所示的直线，应该采用的方法是(　　)。

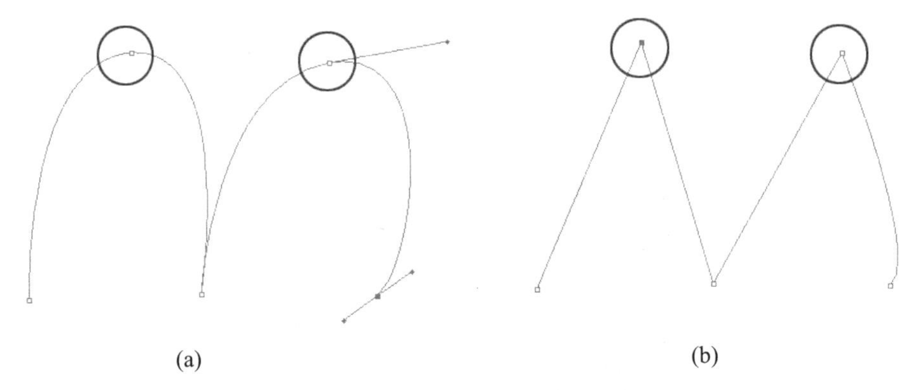

图 5-32　将曲线路径局部变为直线

A. 使用直接选择工具单击曲线路径顶端的平滑节点，使它转换为角点

B. 使用删除锚点工具将顶端节点两侧的方向线删除

C. 使用转换点工具单击曲线路径顶端的平滑节点，使它转换为角点

D. 使用路径选择工具单击路径上的平滑节点，使它转换为角点

8. 在 Photoshop 中，可以对位图进行矢量图形处理的是(　　)。

A. 路径　　B. 选区　　C. 通道　　D. 图层

9. 使用矢量绘图工具组中的任一工具在图中绘制一个普通的单色填充图形，绘制前应先在工具选项栏中单击(　　)按钮。

A. 形状　　B. 路径　　C. 像素　　D. 选区

10. 要使用多边形工具绘制出如图 5-33 所示的向内收缩的各种星形，在工具选项栏中必须选中(　　)选项。

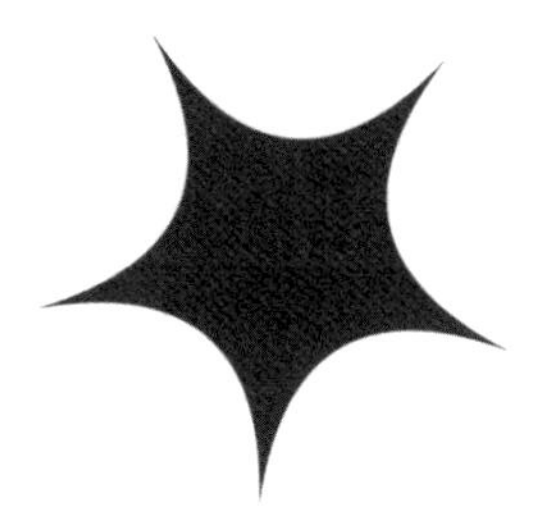

图 5-33　用多边形工具绘制星形

A. “星形”　B. “星形”与“平滑拐角”

C. “星形”与“平滑缩进”　D. “星形”“平滑缩进”与“平滑拐角”

11. 当浮动选区转换为路径时，在“路径”面板中自动创建的路径状态是(　　)。

A. 剪贴路径　B. 开放的子路径

C. 工作路径　D. 形状图层

12. 在 Photoshop 中，在路径控制面板中单击“从选区建立工作路径”按钮，即创建一条与选区相同形状的路径，利用直接选择工具对路径进行编辑，路径区域中的图像将(　　)。

A. 会随着路径的编辑而发生相应的变化

B. 没有变化

C. 位置不变，形状改变

D. 形状不变，位置改变

13. 在 Photoshop 中，要暂时隐藏路径在图像中的形状，执行的操作是(　　)。

A. 在路径控制面板中单击当前路径栏左侧的眼睛图标

B. 在路径控制面板中按 Ctrl 键单击当前路径栏

C. 在路径控制面板中按 Alt 键单击当前路径栏

D. 单击路径控制面板中的空白区域

14. 以下(　　)不属于“路径”面板中的按钮。

A. 用前景色填充路径　B. 用画笔描边路径

C. 从选区生成工作路径　D. 复制当前路径

15. 在系统默认状态下，路径描边使用的颜色是(　　)。

A. 背景色　B. 前景色　C. 白色　D. 黑色

项目六

公益广告制作——图像修复与色彩校正

【项目导入】

公益广告属于非商业性广告，是社会公益事业的一个重要组成部分。与其他广告相比，公益广告具有特别的社会性，在规范社会行为、改善社会风气、营造良好社会环境方面起着重要作用。本项目以大众日常生活中的绿色饮食为主题，运用独特创意的广告手段，表明鲜明的立场，来正确引导社会公众。

【项目分析】

本项目以碗、筷子、树木等生活元素来表现健康饮食的主题，利用图像修复工具去掉图像瑕疵并进行取样复制，利用图像调色与校色命令调整颜色，使其搭配合理、主题突出。

【能力目标】

- 能够使用污点修复画笔工具、红眼工具去除图像的斑点瑕疵及红眼效果。
- 能够使用修复画笔工具、仿制图章工具、图案图章工具等完成对图像的取样及复制操作。
- 能够利用“调整”菜单中的命令完成图像的调色及校色操作。

【知识目标】

- 掌握污点修复画笔工具、修复画笔工具、修补工具、红眼工具、仿制图章工具及图案图章工具等图像修复工具的用法。
- 掌握历史记录画笔工具、历史记录艺术画笔工具、模糊工具与锐化工具、加深工具与减淡工具、涂抹工具、海绵工具等图像修饰工具的用法。
- 理解直方图的原理。
- 掌握“调整”菜单的相关命令。
- 掌握调整图层的原理及相关命令。

【素质目标】

- 项目选取公益广告制作作为载体，加强学生环保理念，提升学生环保意识，逐步实现意识与行为同步，为生态环境保护做出贡献。
- 通过公益广告项目引导学生对公益问题的关注和理解，提升学生的社会责任意识。

任务一　广告主体元素制作

【知识储备】

一、公益广告创作要素

公益广告是以为公众谋取利益和提高福利待遇为目的设计的广告；它是企业或社会团体向消费者展示其对社会的功能和责任，表明其追求的不仅仅是经营获利，而是参与解决社会问题和环境问题的一种方式；公益广告不以营利为目的，而是为社会公众切身利益和社会风尚服务。公益广告具有社会效益性、主题现实性和表现号召性三大特点。下面介绍公益广告的创作要素。

1. 主题明确

在公益广告的创作中，最重要的是要让观赏者了解这个广告主要表现的内容和目的。这就要求创作者在创作过程中要明确创作主题，并围绕主题对广告的内容进行描述，使欣赏者能够清楚地理解广告所传达的信息。

2. 富有创意

创意是广告的灵魂和生命。广告要求“创意至上”，要创造具有吸引力的广告，必须有创意。在此基础上还要丰富广告的内容和形式。创意对广告具有积极的推动作用，它有助于为广告提供明确的指导思想，让广告更好地为大众服务，扩大广告的宣传力。因此，创意在广告中扮演着重要角色。

3. 取材得当

公益广告的作用是对正面、具有积极影响的事物进行宣传，以达到教育的目的。因此，公益广告创作者在创作过程中，不仅要多观察身边发生的事情，还要进行思考，挖掘其内在的教育思想，并进行宣传，使更多人在观看广告的同时受到教育。

二、图像修复工具

污点修复画笔.mp4

1. 污点修复画笔工具

污点修复画笔工具可以快速去除照片中的污点，尤其是对人物面部的疤痕、雀斑等小面积缺陷的修复最为有效。其修复原理是在所修饰图像位置周围自动取样，然后与所修复位置的图像融合，实现理想的颜色匹配效果。

污点修复画笔工具的使用方法非常简单，在工具箱中选择污点修复画笔工具，在工具选项栏中设置合适的画笔大小和选项，然后在图像的污点位置单击，即可去除污点。污点去除前后的效果对比如图 6-1 所示。

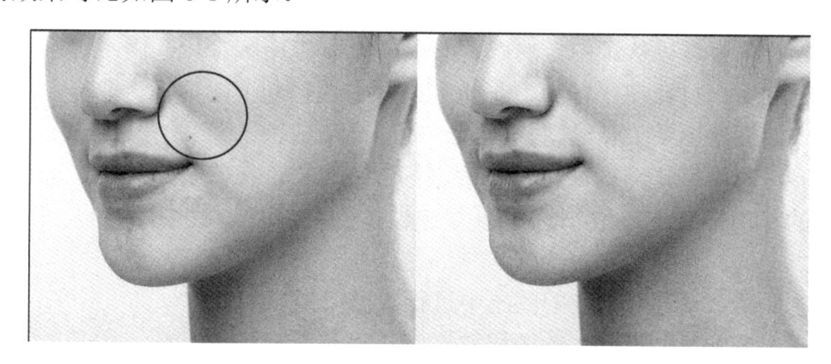

图 6-1 污点去除前后效果对比

污点修复画笔工具选项栏如图 6-2 所示。

图 6-2 污点修复画笔工具选项栏

污点修复画笔工具选项栏中各选项的含义如下。

- 模式：用于设置修复图像时使用的混合模式。除“正常”“正片叠底”等常用模式外，该工具还包含一个“替换”模式。选择该模式时，可以保留画笔描边边缘处的杂色、胶片颗粒和纹理。
- 类型：用于设置修复方法。
  - ◆ 近似匹配：利用选区边缘周围的像素来取样，对选区内的图像进行修复。
  - ◆ 创建纹理：利用选区内的像素创建一个用于修复该区域的纹理。
  - ◆ 内容识别：利用选区周围的像素进行修复。
- 对所有图层取样：如果当前文档包含多个图层，选中该复选框后，可以从所有可见图层中对数据进行取样；取消选中该复选框，则只能从当前图层中取样。

2. 修复画笔工具

修复画笔工具.mp4

修复画笔工具与污点修复画笔工具的修复原理基本相似，都是将没有缺陷的图像部分与被修复位置有缺陷的图像进行融合，得到理想的匹配效果。

使用修复画笔工具时需要先设置取样点，即按住 Alt 键，在取样点位置单击(单击处的位置为复制图像的取样点)，然后松开 Alt 键，在需要修复的图像位置拖动鼠标，即可对图像中的缺陷进行修复，并使修复后的图像与取样点位置图像的纹理、光照、阴影和透明度相匹配，从而使修复后的图像不留痕迹地融入原图像中。修复画笔工具选项栏如图 6-3 所示。

图 6-3 修复画笔工具选项栏

修复画笔工具选项栏中各选项的含义如下。

- 模式：用于设置修复图像的混合模式。
- 源：用于设置修复像素的源。
  - ◆ 取样：可以从源图像的像素上取样。
  - ◆ 图案：可以在“图案”下拉列表框中选择一个图案作为取样，效果类似于使用图案图章工具绘制图案。
- 对齐：选中该复选框，会对像素进行连续取样，在修复过程中，取样点随修复位置的移动而变化；取消选中该复选框，则在修复过程中始终以一个取样点为起始点。
- 样本：用于设置从指定的图层中进行数据取样。
  - ◆ 当前图层：仅从当前图层取样。
  - ◆ 当前和下方图层：从当前图层及其下方的可见图层中取样。
  - ◆ 所有图层：从所有可见图层中取样。

例如，选择修复画笔工具在图 6-4(a)中的左侧花朵处单击鼠标取样，然后在图像上方拖动鼠标进行复制，效果如图 6-4(b)所示。

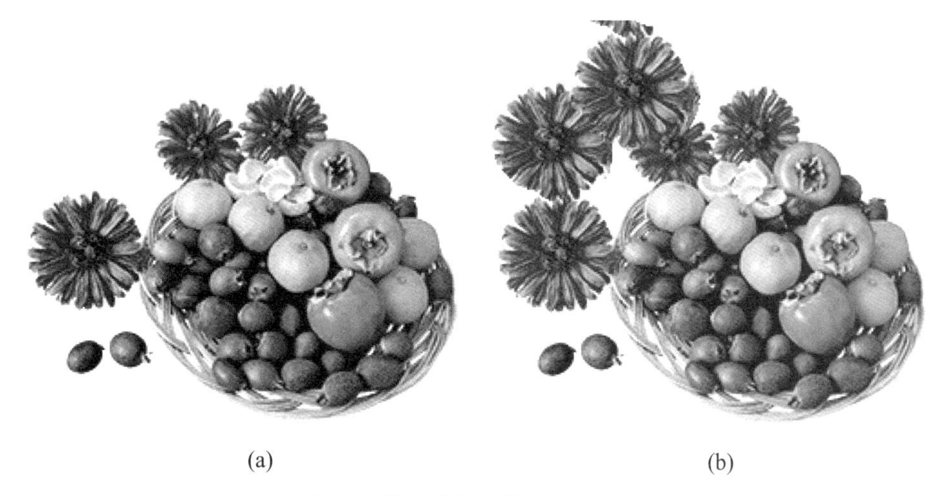

(a)　　　　(b)

图 6-4　使用修复画笔工具复制图案

3. 修补工具

修补工具.mp4

使用修补工具，可以用图像中相似的区域或图案来修复有缺陷的部位或制作合成效果。与修复画笔工具一样，修补工具会将设定的样本纹理、光照和阴影与被修复图像区域进行混合，从而得到理想的效果。使用修补工具时需要用选区来定位修补范围。修补工具选项栏如图 6-5 所示。

图 6-5　修补工具选项栏

修补工具选项栏中各选项的含义如下。

- 创建选区方式：用于设置创建选区的方式。
    - ◆ ：创建一个新选区，如果图像包含选区，则原选区将被新选区替换。
    - ◆ ：添加到选区，可以在当前选区的基础上添加新选区。
    - ◆ ：从选区中减去，可以在原选区中减去当前绘制的选区。
    - ◆ ：与选区交叉，可以得到原选区与当前创建的选区相交的部分。
- 修补：用于设置修补方式。
- 源：选中该单选按钮，当将选区拖动至要修补的区域以后，释放鼠标，就会用当前选区中的图像修补原来选中的内容。
- 目标：选中该单选按钮，会将选中的图像复制到目标区域。

例如，在文件中绘制了如图 6-6 所示的选区，进行修补操作时，同样是按住鼠标左键向文件上方拖动鼠标，选中“源”单选按钮时的修补效果如图 6-7 所示，选中“目标”单选按钮时的修补效果如图 6-8 所示。

- 透明：选中该复选框后，可以使修补的图像与原图像产生透明的叠加效果。
- 使用图案：在“图案”下拉列表框中选择一个图案后，单击该按钮，可以用选择的图案修补选区内的图像。

图 6-6　原图

图 6-7　选中“源”单选按钮的修补效果

图 6-8　选中“目标”单选按钮的修补效果

4. 红眼工具

使用红眼工具可以迅速去除用闪光灯拍摄的人物照片中的红眼，以及动物照片中的白色或绿色反光。其使用方法非常简单，在工具箱中选择红眼工具，并在工具选项栏中设置合适的“瞳孔大小”和“变暗量”参数后，在人物的红眼位置处单击，即可校正红眼，如图 6-9 所示。

图 6-9　去除红眼前后效果对比

在红眼工具选项栏中，“瞳孔大小”选项用于改变眼睛周围暗色的中心的大小，“变暗量”选项用于设置瞳孔的暗度。

5. 仿制图章工具

仿制图章工具的功能是复制和修复图像，它通过在图像中按照设定的取样点来覆盖图像或将取样点图像应用到其他图像中，完成图像的复制操作，常用于复制图像内容或去除照片中的缺陷。

仿制图章工具的使用方法为：选择仿制图章工具后，先按住 Alt 键，在图像中的取样点位置单击(单击处的位置为复制图像的取样点)，然后松开 Alt 键，将鼠标指针移动到需要修复的图像位置拖动鼠标，即可对图像进行修复。

如要在两个文件之间复制图像，两个图像文件的颜色模式必须相同，否则将不能执行复制操作。仿制图章工具选项栏如图 6-10 所示。

图 6-10　仿制图章工具选项栏

在仿制图章工具选项栏中，除了“对齐”和“样本”选项外，其他选项均与画笔工具相同。

- 对齐：选中该复选框，可以连续对像素进行取样；取消选中该复选框，则每单击一次鼠标，都使用初始取样点中的样本像素，每次单击都视为另一次复制。
- 样本：与修复画笔工具选项栏中的“样本”选项一致。

仿制图章工具与修复画笔工具都可以对取样的图像进行复制，修复画笔工具可以使修复后的图像与取样点位置图像的纹理、光照、阴影和透明度相匹配，从而使修复后的图像不留痕迹地融入图像中，而仿制图章工具则不能。

6. 图案图章工具

图案图章工具可以利用软件本身提供的图案或者自定义的图案进行绘画。图案图章工具选项栏如图 6-11 所示。

图 6-11　图案图章工具选项栏

图案图章工具选项栏中各选项的含义如下。

- 对齐：选中该复选框，可以保持图案与原起点的连续性，即使多次单击鼠标也不例外；取消选中该复选框，则每次单击鼠标都重新应用图案。
- 印象派效果：选中该复选框，可以模拟出印象派效果的图案。

三、图像修饰工具

模糊与锐化.mp4

1. 模糊工具与锐化工具

模糊工具可以柔化图像，减少图像细节；锐化工具可以增强图像中相邻像素之间的对比，提高图像的清晰度。选择这两个工具后，在图像中拖动鼠标，即可进行相应处理。

在使用模糊工具时，如果反复涂抹图像的同一区域，会使该区域变得更加模糊；使用锐化工具反复涂抹同一区域，则会造成图像失真。

模糊工具选项栏如图 6-12 所示，锐化工具选项栏与它完全相同。

图 6-12　模糊工具选项栏

模糊工具选项栏中各选项的含义如下。

- 画笔：选择一个笔尖，模糊或锐化区域的大小取决于画笔的大小。
- 模式：用于设置工具的混合模式。
- 强度：用于设置工具的强度。
- 对所有图层取样：如果文档中包含多个图层，选中该复选框，表示使用所有可见图层中的数据进行处理；取消选中该复选框，则只处理当前图层中的数据。

2. 减淡工具与加深工具

减淡与加深.mp4

减淡工具可以对图像的阴影、中间色和高光部分进行提亮和加光处理，从而使图像变亮；加深工具则可以对图像的阴影、中间色和高光部分进行遮光变暗处理，从而使图像变暗。减淡工具选项栏如图 6-13 所示。

图 6-13　减淡工具选项栏

减淡工具选项栏中各选项的含义如下。

- 范围：可以选择要修改的色调。
  - ◆ 阴影：处理图像的暗色调。
  - ◆ 中间调：处理图像的中间调。
  - ◆ 高光：处理图像的亮色调。
- 曝光度：可以为减淡工具或加深工具指定曝光度，该值越高，效果越明显。
- (喷枪)：单击该按钮，可以为画笔开启喷枪功能。
- 保护色调：选中该复选框，可以保护图像的色调不受影响。

3. 涂抹工具

涂抹工具.mp4

使用涂抹工具涂抹图像时，可以拾取鼠标单击点的颜色，并沿鼠标拖动的方向展开这种颜色，模拟类似于手指拖过湿油漆时的效果。涂抹工具选项栏如图 6-14 所示。

图 6-14　涂抹工具选项栏

在涂抹工具选项栏中，除“手指绘画”复选框外，其他选项均与模糊工具及锐化工具相同。选中“手指绘画”复选框，可以在涂抹时添加前景色；取消选中此复选框，则使用每个描边起点处光标所在位置的颜色进行涂抹。涂抹工具适合于扭曲小范围的图像，大面积的图像可以使用液化滤镜。

4. 海绵工具

海绵工具可以修改色彩的饱和度，选择该工具后，在画面单击并拖动鼠标涂抹，即可进行相应处理。海绵工具选项栏如图 6-15 所示，其中，“画笔”和“喷枪”选项与加深工具及减淡工具相同。

图 6-15　海绵工具选项栏

海绵工具选项栏中各选项的含义如下。

- 模式：要增加色彩的饱和度，可以选择“饱和”选项；要降低色彩的饱和度，则选择“降低饱和度”选项。
- 流量：可以为海绵工具指定流量。该值越高，工具的强度越大，效果越明显。
- 自然饱和度：选中该复选框，可以在增加饱和度的同时，防止颜色过度饱和而出现溢色。

5. 历史记录画笔工具

历史记录画笔.mp4

历史记录画笔工具可以将图像恢复到编辑过程中的某一个步骤状态，或者将部分图像恢复为原样。该工具需要配合“历史记录”面板一同使用。

例如，对图像执行“图像”|“调整”|“去色”命令后，在“历史记录”面板中选择需要恢复的步骤，用历史记录画笔工具涂抹，即可部分恢复历史记录中的信息，原图如图 6-16 所示，效果图如图 6-17 所示。

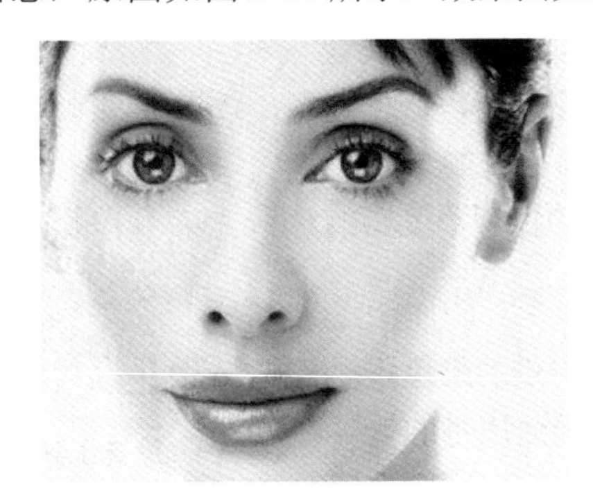

图 6-16　原图

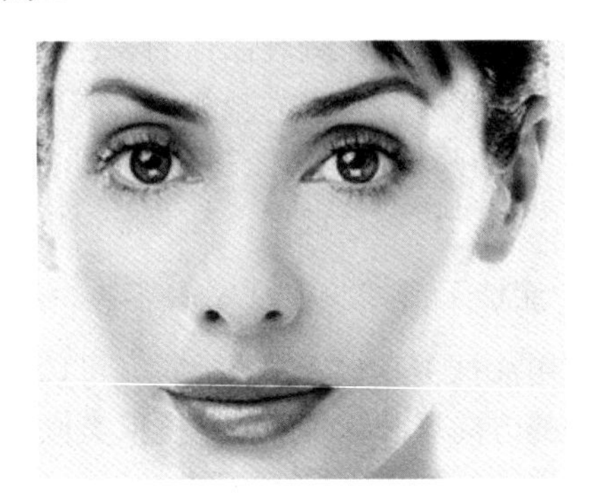

图 6-17　效果图

6. 历史记录艺术画笔工具

历史记录艺术画笔工具与历史记录画笔工具的工作方式完全相同，但它在恢复图像的同时会进行艺术化处理，创建出独具特色的艺术效果。历史记录艺术画笔工具选项栏如图 6-18 所示。

图 6-18　历史记录艺术画笔工具选项栏

历史记录艺术画笔工具选项栏中相关选项的含义如下。

- 样式：用于设置绘画描边的形状。
- 区域：用于设置绘画描边所覆盖的区域。该值越高，覆盖的区域越大，描边的数量也就越多。
- 容差：用于限定应用绘画描边的区域。低容差可用于在图像中的任何地方绘制无数条描边，高容差会将绘画描边限定在与源状态或快照中的颜色明显不同的区域。

【任务实践】

广告主体元素制作.mp4

(1) 执行“文件”|“新建”命令，弹出“新建”对话框，设置“名称”为“公益广告”、“宽度”为 560 像素、“高度”为 890 像素、“分辨率”为 72 像素/英寸、“颜色模式”为“RGB 颜色”，单击“确定”按钮，如图 6-19 所示。

(2) 执行“文件”|“打开”命令，弹出“打开文件”对话框，找到“配套素材文件\项

目六”文件夹，打开 6-1.jpg 文件；在工具箱中选择移动工具，单击鼠标，拖动文件内容到“公益广告”文件中，将图层名称改为“底纹”，效果如图 6-20 所示。

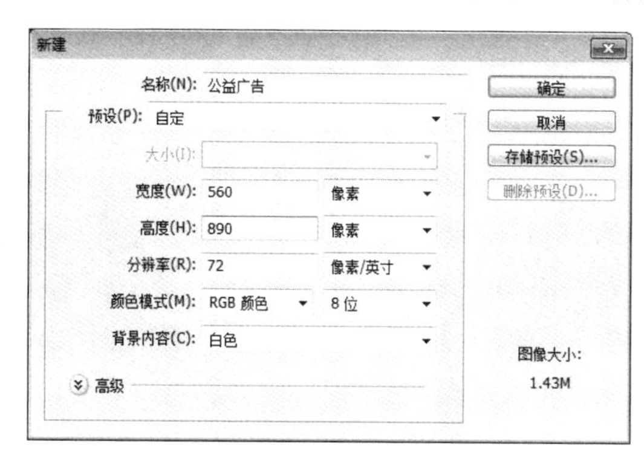

图 6-19 “新建”对话框

(3) 执行“文件”|“打开”命令，弹出“打开文件”对话框，找到“配套素材文件\项目六”文件夹，打开 6-2.jpg 文件；选择魔棒工具，单击白色背景创建选区。

(4) 按 Ctrl+Shift+I 组合键执行反选操作；在工具箱中选择移动工具，单击鼠标拖动文件内容到“公益广告”文件中；按 Ctrl+T 快捷键，对图层添加自由变换边框，按住 Shift 键，鼠标单击边框左上角，向内侧拖动以缩小图片，双击鼠标结束变换，将图层名称改为“大树”，效果如图 6-21 所示。

图 6-20 效果图(1)

图 6-21 效果图(2)

(5) 选择仿制图章工具，按住 Alt 键，在大树树枝上单击取样；松开 Alt 键，按下鼠标左键，在树枝缝隙处涂抹，使树冠变得茂盛，如图 6-22 所示。

(6) 重复执行步骤(5)，将树冠的所有缝隙都使用仿制图章工具取样填充，效果如图 6-23 所示。

(7) 执行“文件”|“打开”命令，弹出“打开文件”对话框，找到“配套素材文件\项目六”文件夹，打开 6-3.jpg 文件；选择磁性套索工具，沿着碗的轮廓创建选区。

图 6-22　效果图(3)

图 6-23　效果图(4)

(8) 在工具箱中选择移动工具，拖动文件内容到“公益广告”文件中；按 Ctrl+T 快捷键，对图层添加自由变换边框，按住 Shift 键，用鼠标单击边框左上角，向内侧拖动以缩小图片，双击鼠标结束变换，将图层名称改为“碗”，效果如图 6-24 所示。

(9) 选择移动工具，在“图层”面板中将“碗”图层移动到“大树”图层下方，效果如图 6-25 所示。

图 6-24　效果图(5)

图 6-25　效果图(6)

(10) 执行“文件”|“打开”命令，弹出“打开文件”对话框，找到“配套素材文件\项目六”文件夹，打开 6-4.jpg 文件；选择圆形套索工具，创建椭圆选区。

(11) 在工具箱中选择移动工具，拖动文件内容到“公益广告”文件中；按 Ctrl+T 快捷键，对图层添加自由变换边框，调整至合适大小，双击鼠标结束变换，将图层名称改为“小草”，效果如图 6-26 所示。

(12) 选择魔棒工具，单击蓝色天空创建选区，按 Delete 键删除背景。

(13) 选择橡皮擦工具，沿着碗的外轮廓擦除草地的多余部分，效果如图 6-27 所示。

图 6-26 效果图(7)

图 6-27 效果图(8)

(14) 执行“文件”|“存储”命令，弹出“存储”对话框，选择文件存储位置，单击“确定”按钮，结束制作。

任务二 海报颜色调整

【知识储备】

在对数码照片进行后期处理时，通常会利用颜色控制命令来对照片做调色和校色处理。熟练掌握图像色彩和色调的控制，才能对图像的效果进行综合设置，从而完成高品质的作品。Photoshop 提供了丰富的图像颜色控制命令，这些命令主要集中于主菜单中的“图像”|“调整”菜单下。

一、图像色调控制

图像的色调(也称色相)是人眼对多种波长的光线产生的彩色感觉，与色调相关的概念和命令主要有“直方图”“亮度/对比度”“色阶”“曲线”“色彩平衡”等。

1. “直方图”命令

直方图又称亮度分布图，是一种用图形表示像素在图像中分布情况的工具。它显示所有图像色彩的分布情况，即在暗调、中间调和亮调(高光)中所包含像素的分布情况。

例如，当打开素材文件“直方图.jpg”(见图 6-28)时，执行“图像”|“调整”|“直方图”命令，可以打开“直方图”面板，如图 6-29 所示。

在默认情况下，“直方图”面板将以紧凑视图形式打开，没有控件或统计数据。用户可以调整视图，方法是单击面板菜单按钮▾≡，在弹出的菜单中执行“扩展视图”命令，然后将“通道”选项由“颜色”改为 RGB，如图 6-30 所示。

图 6-29　“直方图”面板

图 6-28　素材文件效果图

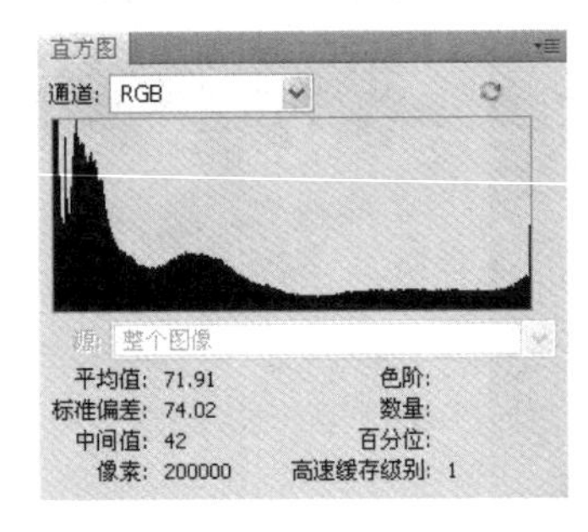

图 6-30　直方图扩展视图

直方图用图形表示图像每个亮度级别的像素数量，展示像素在图像中的分布情况。直方图的长度表示从左边的黑色到右边的白色的 256 种亮度级别，直方图的高度表示此亮度的像素数量。直方图可以帮助用户确定某个图像是否有足够的细节来进行良好的校正。图像的亮度是指作用于人眼所引起的明亮程度，在图像处理中是指图像颜色的相对明暗程度。

2. “亮度/对比度”命令

图像的对比度是指不同颜色的差异程度，对比度越大，两种颜色之间差异越大。执行“图像”|“调整”|“亮度/对比度”命令，会弹出“亮度/对比度”对话框，如图 6-31 所示。

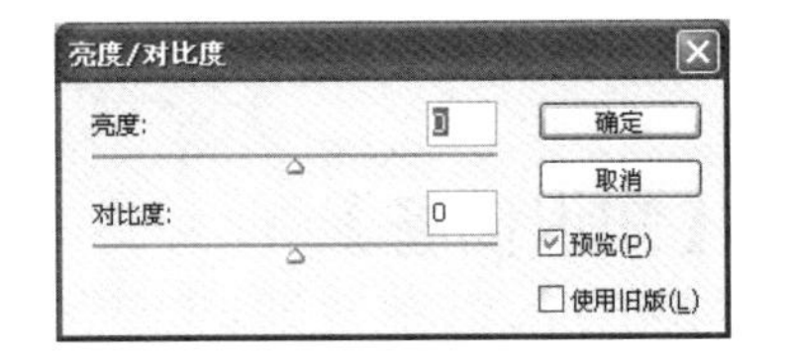

图 6-31　“亮度/对比度”对话框

在“亮度/对比度”对话框中，各选项的含义如下。

- 亮度：此选项用于调节图像的亮度(0～100)。
- 对比度：此选项用于调节图像的对比度(0～100)，向左移动滑块会使图像的亮区更亮，暗区更暗，从而增加图像的对比度；向右移动滑块会使图像的亮区和暗区都向灰色靠拢，直至完全变成灰色。

3. “色阶”命令

“色阶”命令可以精确调整图像中的明、暗和中间色彩，既可用于整个彩色图像，也可在每个彩色通道中进行调整。例如，打开素材文件“色阶.jpg”(见图 6-32)，执行“图像”|“调整”|“色阶”命令，弹出“色阶”对话框，如图 6-33 所示。

图 6-32　原图

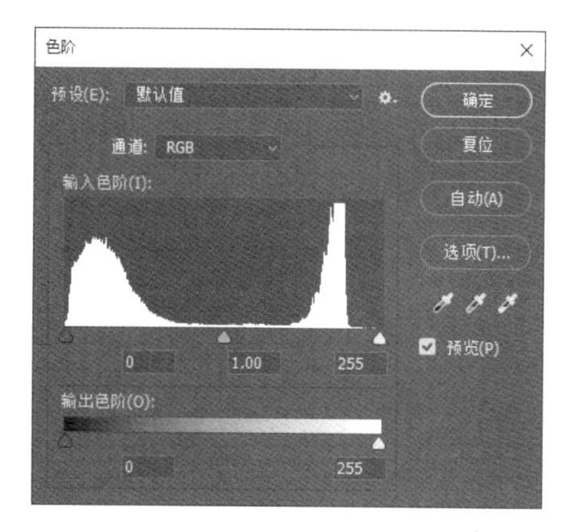

图 6-33　原图的“色阶”对话框

“色阶”对话框中的图示表示了图像每个亮度值所含像素的数量，最暗的像素点在左侧，最亮的像素点在右侧。“输入色阶”用于显示当前的数值，“输出色阶”用于显示将要输出的数值。

“色阶”对话框中各选项的含义如下。

- 通道：此下拉列表框用于选择需要处理的彩色通道。颜色模式不同，通道也会不同。
- 吸管工具：在“色阶”对话框的右侧有黑、灰、白三个吸管，选择一个吸管在图像中单击，即可以将当前取样点的值作为色阶调整的参考点(最暗点、灰平衡点、最亮点)。
- 输入色阶：通过加深最暗的色调和加亮最亮的色调来修改图像的对比度，它的调整将增加图像的对比度。它有 3 个输入框，从左到右分别表示图像的暗区、中间色和亮区。暗区和亮区的取值范围为 0～255，中间色的取值范围为 0.10～9.90。
- 输出色阶：通过加亮最暗的像素和调暗最亮的像素来缩减图像亮度色阶的范围，可以降低图像的对比度。输入值的范围为 0～255。

通过滑杆可以调节色阶值，黑、白、灰三个三角分别用于调整暗调、亮调和中间色。将原图的“色阶”对话框中暗调、亮调和中间色的数值调整为 3、163 和 1.22，如图 6-34 所示，即可调整图片的明暗效果，如图 6-35 所示。

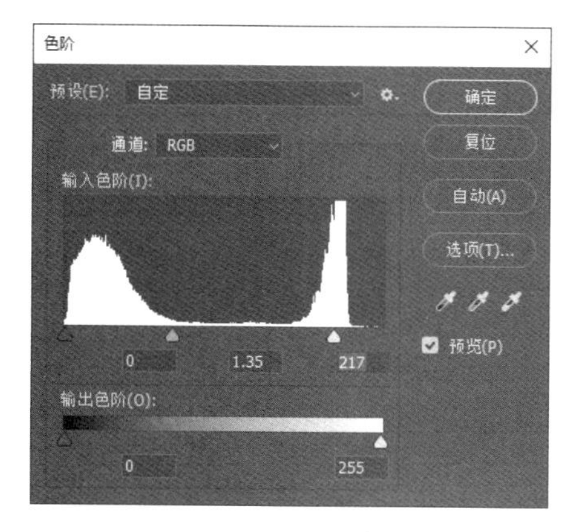

图 6-34　调整后的“色阶”对话框

图 6-35　调整色阶后的效果图

4. “曲线”命令

“曲线”命令与“色阶”命令都用于调整图像的色调，但“色阶”命令仅对亮部、暗部和中间灰度进行调整；而“曲线”命令允许调整图像色调曲线上的任一点，可以校正图像，也可以产生特殊效果。执行“图像”|“调整”|“曲线”命令，会弹出“曲线”对话框，如图6-36所示。

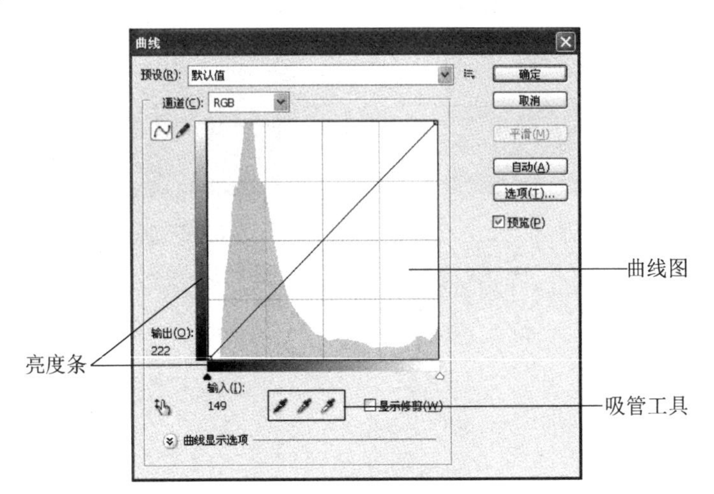

图6-36 “曲线”对话框

“曲线”对话框中各选项的含义如下。

- 曲线图：水平轴(X 轴)代表图像的输入值，为图像原亮度值；垂直轴(Y 轴)代表图像的输出值，即图像的新亮度值。当对话框第一次打开时，所有输入值都等于输出值(形成对角线)。在曲线图的原点，输入色阶和输出色阶的值都为0。在图中，通过鼠标拖动曲线，向右拖动可增加输入值，向上拖动则增加输出值；移动鼠标时，会显示不同点的色阶值；单击曲线，会显示单击点的图像输入和输出的色阶值；可以通过拖动曲线或在相应文本框中输入数值来调整图像的输入或输出色阶值。
- 亮度条：曲线图左侧和下方的亮度条显示亮区和暗区的过渡方向，在亮度条上单击就可以使黑色和白色对调，而色调曲线也会相应反转。
- 曲线工具：曲线工具用于设置控制点和修改曲线，在曲线上单击可以增加控制点，拖动该控制点可以调节曲线。把控制点拖出图像范围以外，即可删除控制点。还可以按住 Ctrl 键，把鼠标移动到文档窗口中单击添加控制点，将该点像素的色阶添加到当前所选择的通道的曲线上，而其他通道的曲线保持不变。若要加到所有通道的曲线上，则需按住 Ctrl+Shift 快捷键，然后单击想要选择的颜色。
- 吸管工具：吸管工具的作用与“色阶”对话框相同。注意，未选择任何吸管工具时，在图像中单击取点，仅获取当前值而不改变图像曲线；选择了吸管工具后，在图像中单击时，则会同时改变图像的色调分布。

例如，打开如图6-37所示的素材文件，执行“图像”|“调整”|“曲线”命令，弹出“曲线”对话框，如图6-38所示，提高亮度后效果如图6-39所示。

5. “色彩平衡”命令

“色彩平衡”命令允许混合各种色彩来达到色彩平衡效果。执行“图像”|“调整”|“色

彩平衡”命令，会弹出“色彩平衡”对话框，如图 6-40 所示。

图 6-37　原图

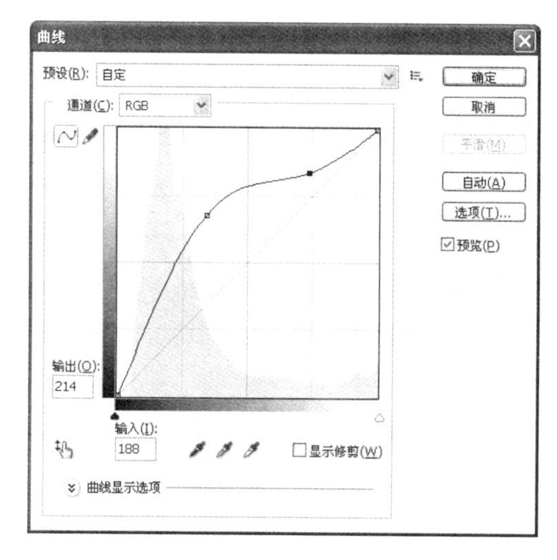

图 6-38　调整后的“曲线”对话框

图 6-39　效果图

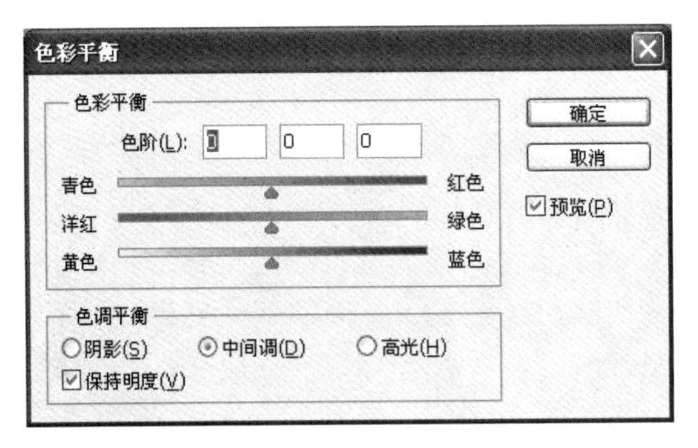

图 6-40　“色彩平衡”对话框

“色彩平衡”选项组中的滑杆用于调整相应颜色及其补色的比例，滑杆的右侧显示该滑杆对应的基色，左侧显示该颜色的补色，拖动滑块，图像会增加某方向的色彩，同时减少另一个方向的色彩。在“色调平衡”选项组中，对“阴影”“中间调”“高光”单选按钮的选择可以针对图像的不同色调进行部分调整，“保持明度”选项用于确保亮度值不变。

二、图像色彩调整

图像的色彩调整命令用于控制图像色彩，主要包括“色相/饱和度”“去色”“替换颜色”“可选颜色”“通道混合器”与“渐变映射”等。

1. “色相/饱和度”命令

图像的饱和度是指颜色的纯度，即掺入白光的程度。对于同一色调的彩色光，饱和度越高，颜色越鲜明。执行“图像”|“调整”|“色相/饱和度”命令，会弹出“色相/饱和度”对话框，如图 6-41 所示。

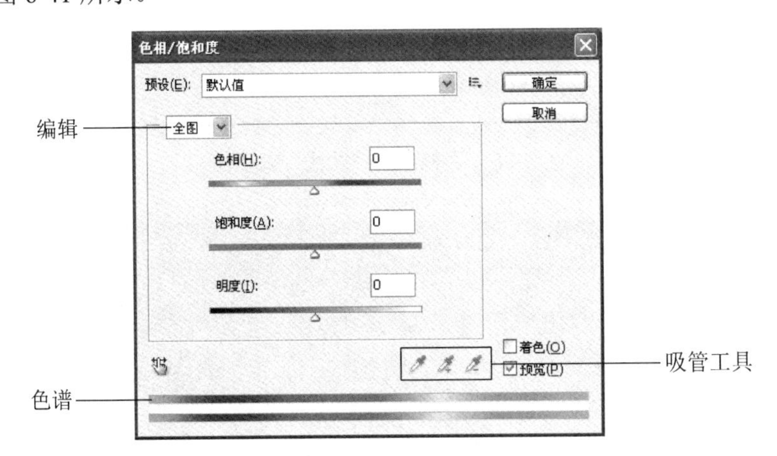

图 6-41　“色相/饱和度”对话框

“色相/饱和度”命令有两个功能：一是在现有图像的色相值和饱和度的基础上调整图像的色彩；二是在保留图像核心亮度值的基础上，通过指定新的色相值和饱和度为图像着色。

“色相/饱和度”对话框中各选项的含义如下。

- 编辑：默认为“全图”选项，将会调整所有色彩。如果选中“着色”复选框，则色彩范围不起作用。

- 色相：色相的调整改变图像颜色，色相值可在-180～180 范围内进行调整。如果选中“着色”复选框，则色相值会在 0～360 范围内进行调整。
- 饱和度：一般情况下，饱和度的变化范围为-100～100。如果选中“着色”复选框，饱和度就变成一个绝对值，其变化范围为 0～100。
- 明度：明度的取值范围为-100～100，可以改变图像的亮度。
- 色谱：表示调整的色彩范围。上方的色谱表示调整前的状态，下方的色谱表示调整后的状态。
- 吸管工具：在单色状态下，可以使用吸管工具调节色彩范围。选择吸管工具后，在图像中某点处单击，以确定相应颜色范围，此时，两条色谱之间会出现一个色彩范围标示，并且在编辑下拉列表框中会显示与所选颜色相应的值，可以用带加号的吸管工具或带减号的吸管工具，在图像上单击，以扩大或缩小色彩范围。例如，打开素材“手镯.jpg”文件(见图 6-42)，调整图片的色相/饱和度，然后将手镯中的宝石添加到选区，然后在选区内分别调整色相/饱和度，最终效果如图 6-43 所示。

图 6-42　原图

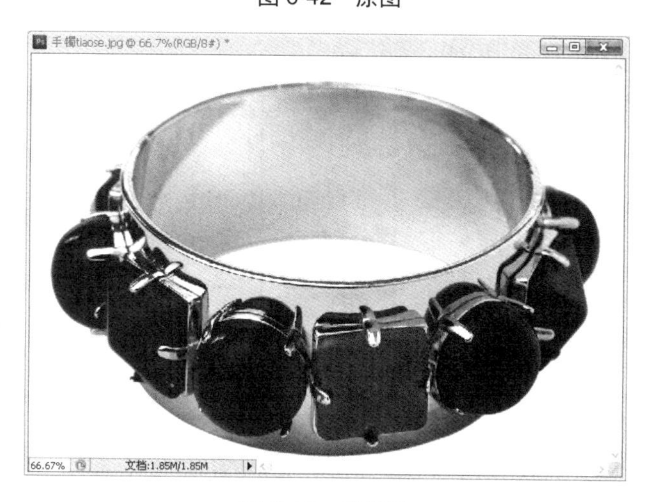

图 6-43　效果图

2. “去色”命令

执行“图像”|“调整”|“去色”命令，会把图像的饱和度降为 0，使图像变成灰度图像。该命令与“图像”|“模式”|“灰度”命令具有类似的图像效果，只不过执行“灰度”命令后，图像的模式就变成灰度了；而执行“去色”命令后，仍然保留图像原有的颜色模式。

3. “替换颜色”命令

“替换颜色”命令的功能是用其他颜色替换图像中的特定颜色，它允许用户选择一个特定的色彩区域，然后调整该区域的色相和饱和度。执行“图像”|“调整”|“替换颜色”命令，会弹出“替换颜色”对话框，如图 6-44 所示。

其中，“选区”选项组主要用于预览特定的色彩区域；“替换”选项组与“色相/饱和度”对话框的相应选项相同，使用方式也类似。

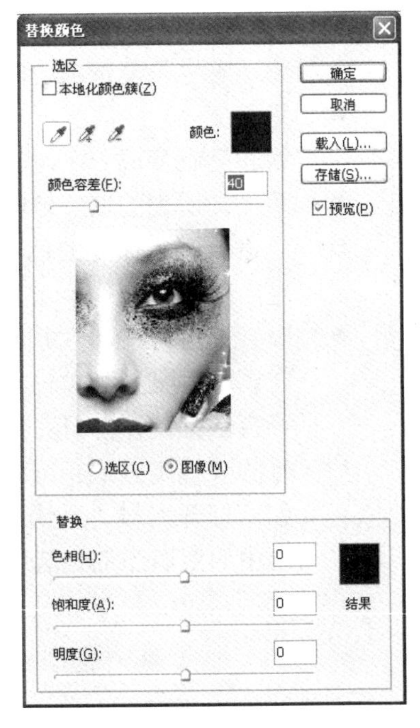

图 6-44 “替换颜色”对话框

4. “可选颜色”命令

“可选颜色”命令主要用于调整 CMYK 图像中的色彩，但也适用于 RGB 和 Lab 图像的色彩调整。该命令允许增减所用颜色的油墨百分比，并可分通道进行调整，即单独针对每种颜色区域进行调整，而不影响其他颜色区域。执行“图像”|“调整”|“可选颜色”命令，会弹出“可选颜色”对话框，如图 6-45 所示。

其中，“颜色”下拉列表用于选择要编辑的预定颜色，而下方的滑杆用于调节图像中油墨的分量。

5. “通道混合器”命令

“通道混合器”命令用于将当前颜色通道中的像素与其他颜色通道中的像素按一定比例混合，以创建高品质特效图像。执行“图像”|“调整”|“通道混合器”命令，会弹出“通道混合器”对话框，如图 6-46 所示。

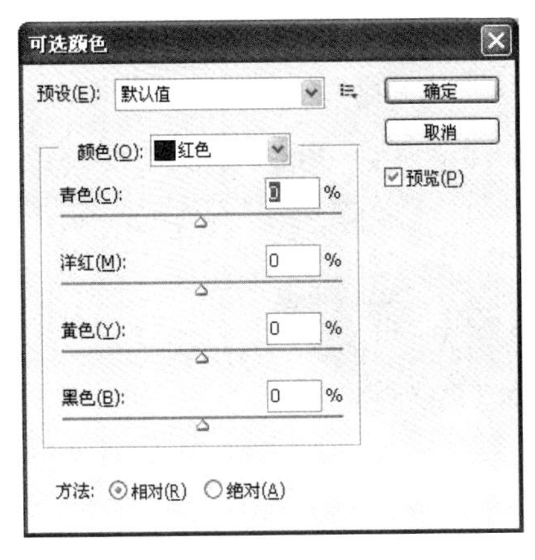

图 6-45 “可选颜色”对话框

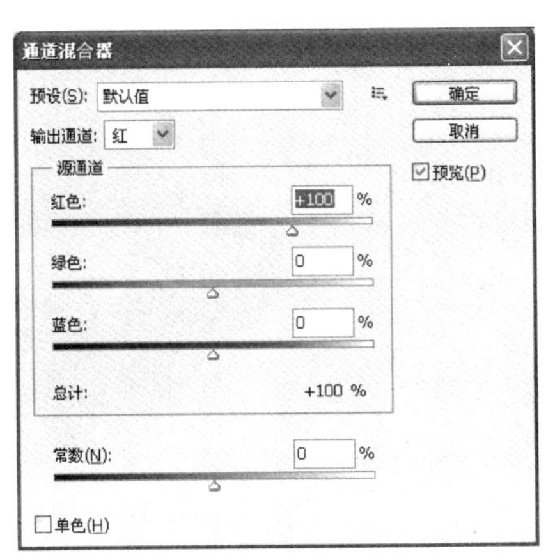

图 6-46 “通道混合器”对话框

“通道混合器”对话框中各选项的含义如下。

- 输出通道：此下拉列表框用于选择要在图像中改变的通道。
- 源通道：此选项组用于调节输出通道的色彩。
- 常数：此选项组用于增加颜色通道的补色，以亮化或暗化输出通道(左移暗化，右移亮化)。
- 单色：选中该复选框，会在通道中创建灰度图像。

6. “渐变映射”命令

“渐变映射”命令用于通过把渐变色映射到图像上来产生特殊的效果。执行“图像”|“调整”|“渐变映射”命令，会弹出“渐变映射”对话框，如图 6-47 所示。

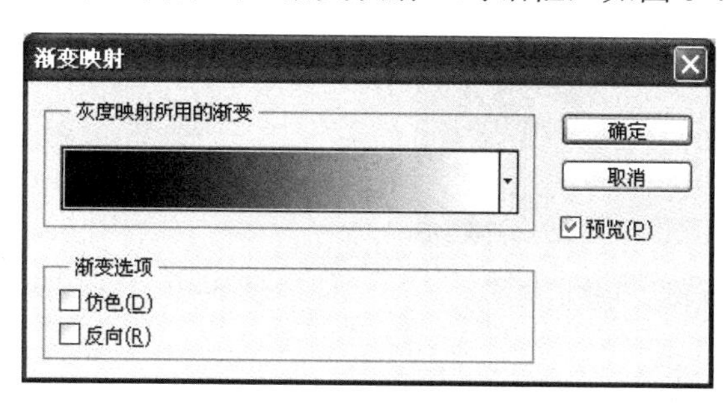

图 6-47 “渐变映射”对话框

“渐变映射”对话框中各选项的含义如下。

- 灰度映射所用的渐变：用于选择渐变色，可以单击下拉按钮，在弹出的下拉面板中选择 Photoshop 预置的渐变色，或单击渐变颜色条，打开“渐变编辑器”进行选择，选择好渐变色后，渐变色就会映射到图像上，而产生特殊效果。
- 仿色：选中该复选框，可以使颜色过渡更平滑。
- 反向：选中该复选框，可以使渐变色反向。

三、颜色校正命令

颜色校正命令主要用于当前图像的颜色修整，主要包括“反相”“阈值”“变化”等命令。

1. “反相”命令

执行“图像”|“调整”|“反相”命令，可以把每个像素的色彩反转为与其互补的色彩，如同制作相片的负片。例如，对如图 6-48 所示的图片执行“反相”命令后，效果如图 6-49 所示。

2. “阈值”命令

“阈值”命令通过将图像中所有的颜色依据其亮度值转变为黑色或白色，来创建具有高对比度的黑白图像。执行“图像”|“调整”|“阈值”命令后，会弹出“阈值”对话框，在此对话框中，滑块用于调节图像的中间亮度值，亮度高于该值的颜色区域将显示为白色，而低于这个值的颜色将显示为黑色。

例如，打开如图 6-50 所示的素材“阈值.jpg”文件，执行“阈值”命令后的效果如图 6-51 所示。

图 6-48　执行“反相”命令前原图

图 6-49　执行“反相”命令后的效果

图 6-50　执行“阈值”命令前原图

图 6-51　执行“阈值”命令后的效果

3. “变化”命令

“变化”命令可以调整图像的色彩平衡、对比度和饱和度，其操作简单明了。执行“图像”|“调整”|“变化”命令，弹出“变化”对话框，如图 6-52 所示。

“变化”对话框中提供了多种效果缩略图，单击每个缩略图，即可显示加深某种颜色后的效果。同时，用户还可以设置“阴影”“高光”“中间调”与“饱和度”等选项来调整图像。

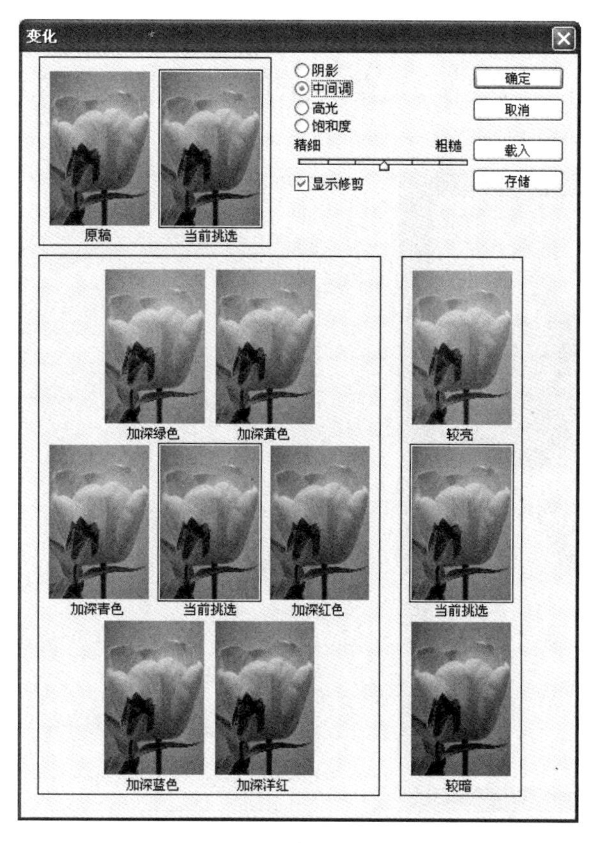

图 6-52　“变化”对话框

【任务实践】

海报颜色调整.mp4

(1) 打开“公益广告”文件，选中“纹理”图层，设置前景色为#7a1c01，执行“图像”|“调整”|“渐变映射”命令，弹出“渐变映射”对话框，单击“确定”按钮，效果如图 6-53 所示。

(2) 选中“大树”图层，执行“图像”|“调整”|“曲线”命令，弹出“曲线”对话框，设置参数如图 6-54 所示，最终效果如图 6-55 所示。

(3) 执行“图像”|“调整”|“色相/饱和度”命令，弹出“色相/饱和度”对话框，如图 6-56 所示，效果如图 6-57 所示。

(4) 执行“调整”|“图像”|“自动对比度”命令，弹出“自动对比度”对话框，单击“确定”按钮，效果如图 6-58 所示。

(5) 在工具箱中选择横排文字工具，设置字体为“华文行楷”、字号为 60 点、前景色为棕色(#7a1c01)，在文件下方单击鼠标，输入文字“绿色饮食”“吃出健康”，效果如图 6-59 所示。

(6) 执行“文件”|“打开”命令，弹出“打开文件”对话框，找到“配套素材文件\项目六”文件夹，打开 6-4.jpg 文件；选择魔术棒工具，单击白色背景创建选区。

(7) 按 Ctrl+Shift+I 组合键，执行反选操作；在工具箱中选择移动工具，拖动文件内容到“公益广告”文件中；按 Ctrl+T 快捷键对图层添加自由变换边框，按住 Shift 键，用鼠标单击边框左上角，向内侧拖动以缩小图片，双击鼠标结束变换，效果如图 6-60 所示。

(8) 执行“文件”|“存储”命令，弹出“存储”对话框，选择文件存储位置，单击“确定”按钮，结束制作。

图 6-53　效果图(1)

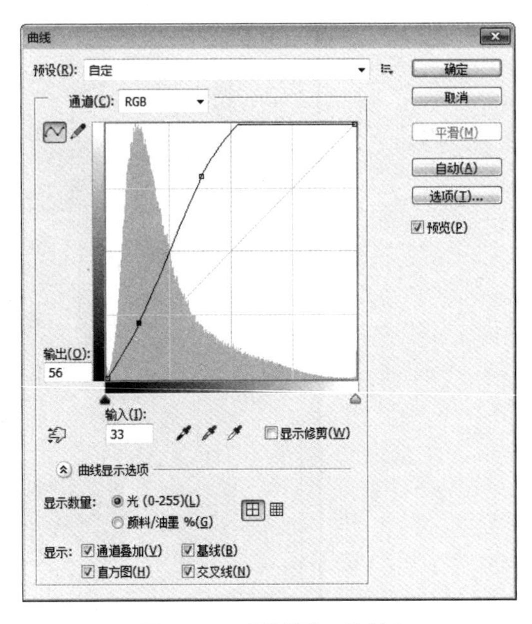

图 6-54　“曲线”对话框

图 6-55　效果图(2)

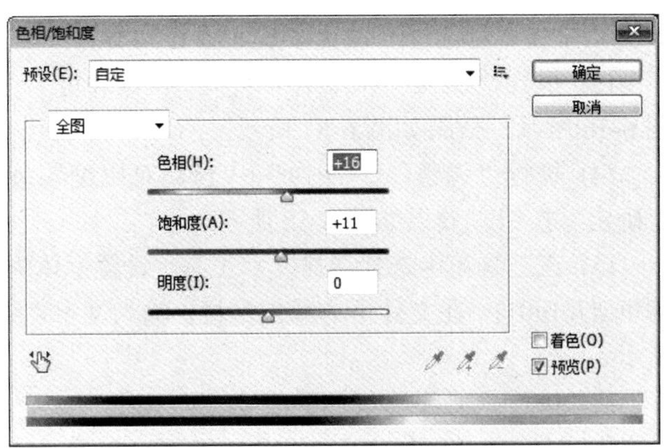

图 6-56　“色相/饱和度”对话框

图 6-57　效果图(3)

图 6-58　效果图(4)

图 6-59　效果图(5)

图 6-60　效果图(6)

上机实训　制作金秋色彩效果

1. 实训背景

数码照片是数字化的摄影作品，通常指采用数码相机进行创作的摄影作品。数码照片可以直接在计算机中进行后期处理，利用Photoshop软件，可以对照片进行裁剪、旋转、去污、修复、调色和校色等后期操作。本实训主要介绍数码照片后期处理中的调色和校色功能。

2. 实训内容和要求

数码照片的后期色彩处理有很大的灵活性，以风景照片为例，既可以将同一张照片处理成不同季节的色彩效果，也可以根据个人喜好调整出唯美、油画等不同风格。本实训的目标是将盛夏的照片调整为具有秋意的景色。

3. 实训步骤

(1) 打开素材“林荫.jpg”文件，单击“图层”面板下方的“创建新的填充或调整图层”按钮，在弹出的下拉菜单中执行“曲线”命令，打开“曲线”对话框，调整曲线弧度。

(2) 单击“图层”面板下方的“创建新的填充或调整图层”按钮，在弹出的下拉菜单中执行“通道混合器”命令，打开“通道混合器”对话框，调整以获得金秋色彩效果。

(3) 设置“调整通道混合器图层”的“不透明度”为80%。

(4) 单击“图层”面板下方的“创建新的填充或调整图层”按钮，在弹出的下拉菜单中执行“色相/饱和度”命令，打开“色相/饱和度”对话框，设置数值以增强色彩效果。

(5) 单击“图层”面板下方的“创建新的填充或调整图层”按钮，在弹出的下拉菜单中执行“色彩平衡”命令，打开“色彩平衡”对话框，设置“色阶”数值分别为-17、18、0。

(6) 选择画笔工具，设置笔尖大小为50像素、硬度为0、透明度为80%；单击选中色彩平衡蒙版，涂抹道路部分以调整色彩。

(7) 按Shift+Ctrl+Alt+E组合键，盖印可见图层，“图层”面板中自动生成一个新的“图层1”；设置“图层1”的“混合模式”为“柔光”“不透明度”为30%。

(8) 单击“图层”面板下方的“创建新的填充或调整图层”按钮，在弹出的下拉菜单中执行“亮度/对比度”命令，打开“亮度/对比度”对话框，设置“亮度”为37、“对比度”为0。

(9) 单击“图层”面板下方的“创建新的填充或调整图层”按钮，在弹出的下拉菜单中执行“可选颜色”命令，打开“可选颜色”对话框，设置“青色”为0、“洋红”为+26%、“黄色”为+28%、“黑色”为0。

(10) 单击“图层”面板下方的“创建新的填充或调整图层”按钮，在弹出的下拉菜单中执行“色阶”命令，打开“色阶”对话框，设置“输入色阶”数值分别为0、1.10、215。

(11) 执行“文件”|“存储为”命令，弹出“存储为”对话框，设置文件存储位置，单击“确定”按钮。

4. 实训素材及效果

实训素材及效果如图 6-61 和图 6-62 所示。

图 6-61 素材图

图 6-62 效果参考图

技能点测试

职业技能要求：能调整图片颜色饱和度、亮度、对比度。

习　题

1. 下列选项中的(　　)命令可以参照另一幅图像的色调来调整当前图像。

A. 替换颜色　　B. 匹配颜色　　C. 照片滤镜　　D. 可选颜色

2. 图 6-63 所示的地面图案形成了近处大、远处小的效果，这是通过(　　)变形操作而生成的。

图 6-63　地面图案

A. “编辑”|“变换”|“放缩”　　B. “编辑”|“变换”|“斜切”

C. “编辑”|“变换”|“透视”　　D. “编辑”|“变换”|“变形”

3. “色阶”命令是通过输入或输出图像的亮度值来改变图像品质的，其亮度值的取值范围为(　　)。

A. 0～50　　B. 0～100　　C. 0～255　　D. 0～150

4. “模糊”菜单中的(　　)命令可以使模糊后的图像像素更加平滑，因此经常被用来处理艺术照片的朦胧效果。

A. 特殊模糊　　B. 表面模糊　　C. 方框模糊　　D. 镜头模糊

5. 下列对 Photoshop 中颜色库的描述不正确的是(　　)。

A. 从“色板”面板菜单中执行“载入色板”命令，可以将已有的颜色库添加到当前列表

B. 可以将颜色库存储在机器的任何位置

C. 如果将库文件存储在 Photoshop 程序文件夹内的 Presets/Swatches 文件夹中，那么，在重新启动应用程序后，库名称就会出现在“色板”面板菜单的底部

D. 在不同的程序间不能共享颜色库

6. 在“色相/饱和度”对话框中，要将图 6-64(a)处理为图 6-64(b)或图 6-64(c)所示的单一色调效果，正确的调节方法是(　　)。

A. 调整“色相”参数，使图像偏品红色调

B. 将“饱和度”和“明度”数值减小

C. 选中“着色”复选框，然后调节“色相”和“明度”参数

D. 将红通道的“饱和度”数值减小

(a)

(b)

(c)

图 6-64 将图像进行单一色调效果调整

7. (　　)格式是一种将图像压缩到 Web 上的文件格式，和 GIF 格式一样，在保留清晰细节的同时，也高效地压缩实色区域。但不同的是，它可以保存 24 位的真彩色图像，并且支持透明背景和消除锯齿边缘的功能，可以在不失真的情况下压缩保存图像。

A. PICT　　B. PNG　　C. TIFF　　D. EPS

8. 通过通道运算，可以产生非常奇妙的效果，通道的运算是基于两个通道中相对应的(　　)来进行计算的。

A. 彩色信息　　B. 灰度图像　　C. 像素点　　D. 选区

9. 下列选项中的(　　)命令可以将图像变成如同普通彩色胶卷冲印后的底片效果。

A. 阈值　　B. 色调均化　　C. 去色　　D. 反相

10. 要将图 6-65(a)中的蓝色礼物盒快速复制一份到图右侧，如图 6-65(b)所示，可以采用工具箱中的(　　)工具来快速实现。

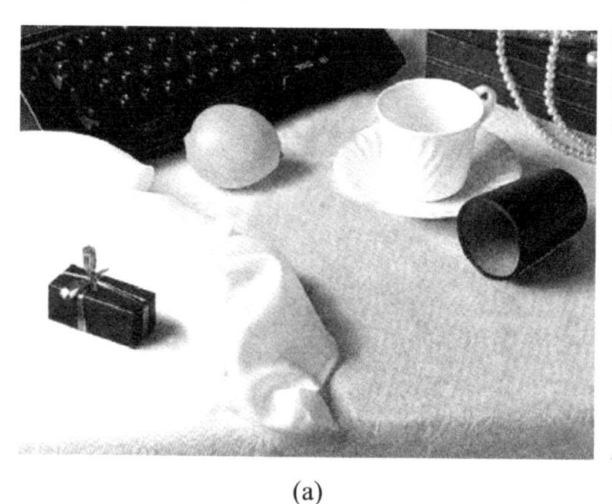

(a)

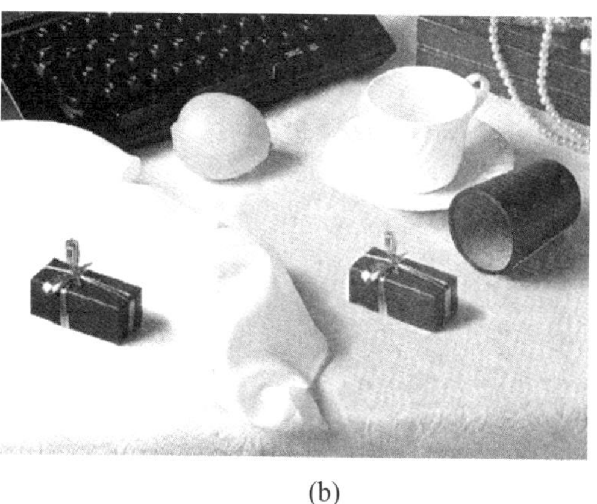

(b)

图 6-65 快速复制蓝色礼物盒

A. 图案印章工具　　B. 修复画笔工具

C. 修补工具　　D. 仿制印章工具

11. 在使用 Photoshop 的仿制图章工具复制图像时，每一次释放左键后再次开始复制图像，都将从原取样点开始复制，而非按断开处继续复制的原因为(　　)

A. 此工具的“对齐的”复选框未被选中

B. 此工具的“对齐的”复选框被选中

C. 操作的方法不正确

D. 此工具的“用于所有图层”复选框被选中

12. 在 Photoshop 中利用仿制图章工具不可以在(　　)进行克隆操作。

A. 两幅图像之间　　B. 两个图层之间

C. 原图层　　D. 文字图层

13. 在 Photoshop 中，有关修补工具(PatchTool)的使用描述正确的是(　　)。

A. 修补工具和修复画笔工具在修补图像的同时都可以保留原图像的纹理、亮度、层次等信息

B. 修补工具和修复画笔工具在使用时都要先按住 Alt 键来确定取样点

C. 在使用修补工具操作之前所确定的修补选区不能有羽化值

D. 修补工具只能在同一张图像上使用

14. 在 Photoshop 中使用仿制图章复制图像时，每一次释放左键后再次开始复制图像，都将从原取样点开始复制，而非按断开处继续复制，其原因为(　　)。

A. 此工具的“对齐的”复选框未被选中

B. 此工具的“对齐的”复选框被选中

C. 操作的方法不正确

D. 此工具的“用于所有图层”复选框被选中

15. “亮度/对比度”命令是通过设置亮度值和对比度值来调整图像的明暗变化的，其中亮度值的取值范围为(　　)。

A. 0～255　　B. 0～100　　C. -150～150　　D. 0～150

项目七

书法竞赛宣传海报制作——通道与蒙版

【项目导入】

书法作为中国传统文化的瑰宝，承载着数千年的历史，蕴含着中华民族独特的审美观念、哲学思想与价值取向。本项目是为书法竞赛制作宣传海报，以激发学生深入学习和研究书法的兴趣。

【项目分析】

本项目通过 AIGC 文生图工具制作项目所需素材，采用通道技术对人物发丝进行图像分离，利用蒙版技术将装饰元素与背景进行融合。

【能力目标】

- 理解蒙版和通道的工作原理。
- 能够使用图层蒙版制作图像的无痕拼接效果。
- 能够利用通道对发丝等进行细节抠图。
- 能够利用 AIGC 文生图工具制作项目所需素材。

【知识目标】

- 掌握图层蒙版的创建、删除、停用和应用的方法。
- 理解图层蒙版的原理。
- 理解通道的原理。
- 掌握通道的创建、保存、分离及合并的方法。

【素质目标】

- 本项目选取书法竞赛宣传海报制作为载体，引导当代大学生对书法艺术的关注，延续中华民族的文化脉络。
- 引导学生提升审美素养，提升民众对中华优秀传统文化的认同感与自豪感。

任务一　人 物 选 取

【知识储备】

一、通道的类型

通道.mp4

通道是 Photoshop 最为核心的功能之一，可以用于记录颜色信息以及保存选区。通道作为图像的组成部分，与图像格式密不可分，图像颜色、格式的不同，决定了通道的数量和模式，这些信息可以在“通道”面板中可以直观地看到。

Photoshop 中有四种类型的通道：复合通道、颜色通道、专色通道和 Alpha 通道。当打开一个图像时，Photoshop 会自动创建颜色通道。

1. 复合通道

复合通道不包含任何信息，它只是同时预览并编辑所有颜色通道的一个快捷方式，通常被用来在单独编辑完一个或多个颜色通道后使“通道”面板恢复到默认状态。平常所进行的操作，都是针对复合通道的，在编辑复合通道时，会影响所有的颜色通道。

通道记录颜色信息.mp4

2. 颜色通道

颜色通道记录了图像的打印颜色和显示颜色。图像的颜色模式决定了颜色通道的数量，RGB 图像包含 3 个颜色通道(红色、绿色、蓝色)和 1 个用于编辑图像的复合通道，如图 7-1 所示；CMYK 图像包含 4 个通道(青色、洋红色、黄色、黑色)和 1 个复合通道，如图 7-2 所示；Lab 图像包含 3 个通道(明度、a、b)和 1 个复合通道，如图 7-3 所示；位图、灰度、双色调和索引颜色图像都只有 1 个通道。

图 7-1　RGB 颜色模式的通道

图 7-2　CMYK 颜色模式的通道

3. 专色通道

专色通道是一种特殊的颜色通道，可以使用除了青色、洋红、黄色、黑色以外的颜色来绘制图像。专色是特殊的预混油墨，如金属质感的油墨、荧光油墨等，它们用于替代和补充普通的印刷油墨。在“通道”面板中单击“通道面板菜单”按钮，在弹出的“通道”面板菜单中选择“新建专色通道”命令，即可新建专色通道。

图 7-3　Lab 颜色模式的通道

4. Alpha 通道

Alpha 通道用于保存选区。可以使用绘画工具和滤镜来编辑该通道，从而对选区进行修改。在 Photoshop 中制作出来的各种效果都离不开 Alpha 通道。

二、通道的操作

1. 创建通道

单击“通道”面板底部的“创建新通道”按钮，即可新建一个 Alpha 通道，如图 7-4 所示。

如果当前文档中创建了选区，则单击“将选区存储为通

图 7-4　创建通道

道”按钮 ，可以将选区保存到 Alpha 通道中，如图 7-5 和图 7-6 所示。

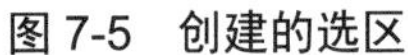
图 7-5　创建的选区

图 7-6　将选区存储为通道

2. 选择与编辑通道

单击“通道”面板中的一个通道，即可选择该通道，此时文档窗口中会显示该通道的灰度图像。

如果按住 Shift 键单击其他通道，则可以选择多个通道，此时，文档窗口中显示的是这些通道的复合结果。

选择通道后，可以使用绘画工具或者滤镜工具对它们进行编辑。当编辑完一个或多个通道后，如果想要返回到默认状态查看彩色图像，则可以单击复合通道，这时，所有的颜色通道将重新被激活。

3. 复制与删除通道

将所需要复制的通道拖动到“创建新通道”按钮上，即可复制该通道。选择需要删除的通道后，单击“删除当前通道”按钮 ，或者将该通道拖动到“删除当前通道”按钮上，即可将其删除。

如果被删除的通道是颜色通道，则图像会转换为多通道模式。多通道模式不支持图层，因此，图像中所有的图层都会拼合为一个图层。

4. 通道的分离与合并

1) 分离通道

分离通道是指将图像中的所有通道分离成多个独立的图像，一个通道对应一幅图像。分离后，原始图像将自动关闭。对分离的图像进行加工，不会影响原始图像。

在进行分离通道的操作以前，一定要将图像中的所有图层合并到背景图层中。如果图像有多个图层，则应执行“图层”|“拼合图像”命令，将所有图层合并到背景图层中，然后执行“通道”面板菜单中的“分离通道”命令。

2) 合并通道

合并通道是指将分离的各个独立的通道图像再合并为一幅图像。其操作方法是，执行“通道”面板菜单中的“合并通道”命令。

【任务实践】

人物选取.mp4

(1) 执行“文件”|“新建”命令，弹出“新建”对话框，设置“名称”为“宣传海报”、“宽度”为720像素、“高度”为1080像素、“分辨率”为72像素/英寸、“颜色模式”为“RGB颜色”，单击“确定”按钮，即可完成新建文件操作，如图7-7所示。

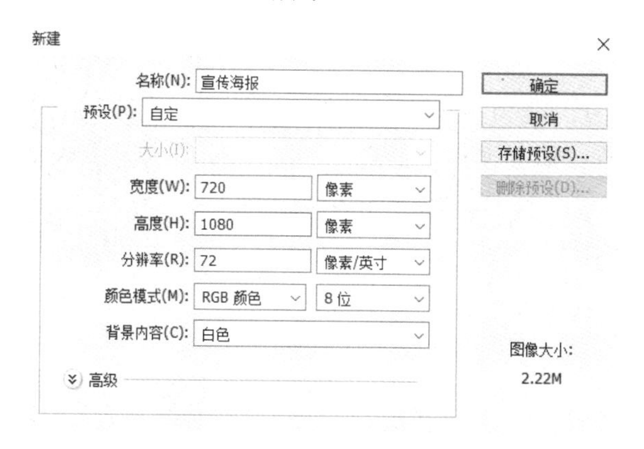

图7-7　“新建”对话框

(2) 执行“文件”|“打开”命令，弹出“打开文件”对话框，找到“配套素材文件\项目七”文件夹，打开7-1.jpg文件。7-1.jpg文件为使用AIGC文生图工具生成的素材，生成过程可参照“扩展学习：AIGC文生图.docx”和“AIGC文生图.mp4”。

扩展学习：AIGC文生图.docx　　AIGC文生图.mp4

(3) 执行“图像”|“图像大小”命令，弹出“图像大小”对话框，将图像宽度改为720像素，高度改为960像素。

(4) 执行“窗口”|“通道”命令，打开“通道”面板，如图7-8所示。

(5) 单击绿色通道，并将其向“创建新通道”按钮上拖动，释放鼠标后新建“绿 副本”通道，如图7-9所示。

图7-8　“通道”面板

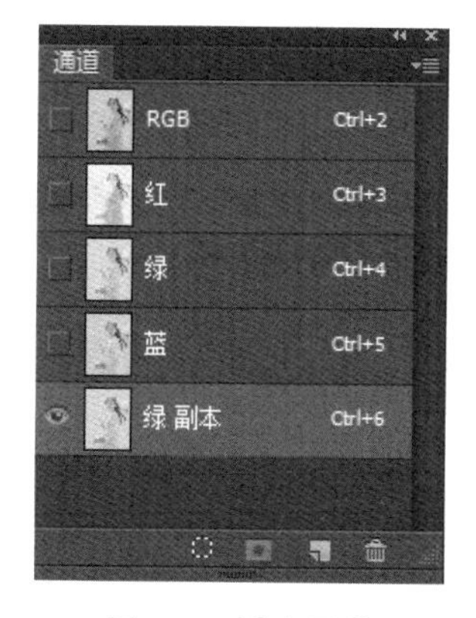

图7-9　新建通道

(6) 执行“图像”|“调整”|“反向”命令，效果如图 7-10 所示。

(7) 执行“图像”|“调整”|“曲线”命令，将右侧高光位置向上拖动，将左侧暗部向下拖到，曲线形状如图 7-11 所示，图像效果如图 7-12 所示。

(8) 选中“快速选择”工具，在人物面部服饰等区域拖动鼠标，创建不包含发丝的选区，效果如图 7-13 所示。

(9) 设置前景色为白色，按 Alt+Delete 快捷键，将选区填充为白色前景色，效果如图 7-14 所示。

(10) 按 Ctrl+D 快捷键取消选择。

(11) 选择多边形套索工具，沿着头发轮廓创建选区，效果如图 7-15 所示。

(12) 执行“选择”|“修改”|“羽化”命令，设置羽化值为 4 像素。

图 7-10　效果图(1)

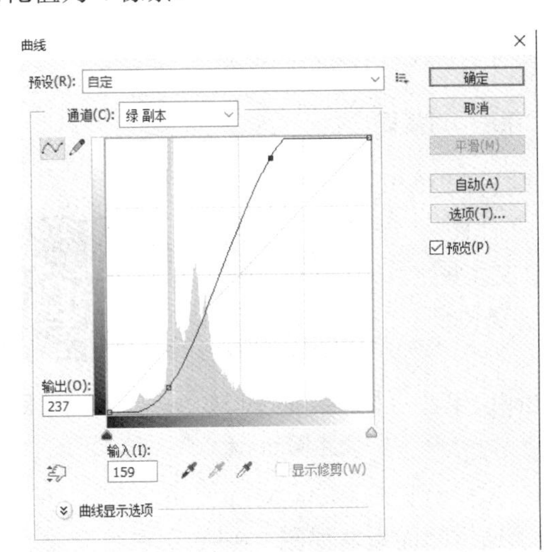

图 7-11　曲线形状

图 7-12　效果图(2)

(13) 执行“图像”|“调整”|“色阶”命令，弹出“色阶”对话框，如图 7-16 所示。

(14) 利用“设置白场”按钮与“设置黑场”按钮将头发调整为白色、背景调整为黑色，效果如图 7-17 所示。

(15) 按 Ctrl+D 快捷键取消选择。

(16) 按住 Ctrl 键，单击通道面板中的“绿副本”缩略图，将白色区域载入选区，效果如图 7-18 所示。

(17) 按 Ctrl+Shift+I 组合键反向选择选区。

(18) 设置前景色为黑色，按 Alt+Delete 快捷键，将选区填充为黑色前景色，效果如图 7-19 所示。

(19) 单击 RGB 通道缩略图，显示全部颜色通道，按 Ctrl+Shift+I 组合键再次反向选择选区。

图 7-13　效果图(3)

图 7-14　效果图(4)

图 7-15　效果图(5)

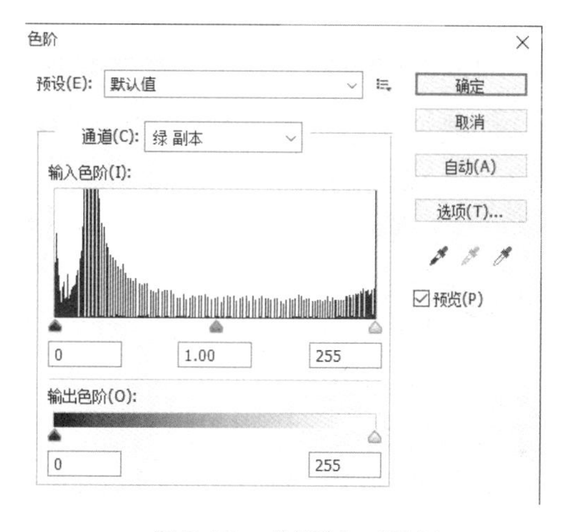

图 7-16　“色阶”对话框

图 7-17　效果图(6)

图 7-18　效果图(7)

(20) 选择“图层”面板，单击背景图层，按 Ctrl+Shift+J 组合键复制图层，效果如图 7-20 所示，隐藏背景图层，可以看到人物及头发部分都被复制出来，效果如图 7-21 所示。

图 7-19　效果图(8)

图 7-20　图层面板

图 7-21　效果图(9)

(21) 将文件保存为 7-1.psd 文件，留作素材使用。

任务二　海报背景制作

【知识储备】

一、蒙版概述

蒙版概述.mp4

在编辑图像的过程中，为了方便地显示和隐藏原图像并保护原图像不被更改的技术称为蒙版。蒙版是传统暗房中控制照片不同区域曝光度的技术，Photoshop 中，蒙版功能允许控制图像的显示区域，可以用它来隐藏不想显示的区域，但不会删除这些内容，只需将蒙版删除，便可以恢复图像。因此，使用蒙版处理图像是一种非破坏性的编辑方式。在 Photoshop 中，蒙版一般分为 4 种，包括快速蒙版、图层蒙版、矢量蒙版和剪贴蒙版。另外，使用工具箱中的横排文字蒙版工具、竖排文字蒙版工具也可以创建蒙版。

二、图层蒙版

蒙版的基本操作.mp4

1. 图层蒙版原理

图层蒙版是与文档具有相同分辨率的 256 级色阶灰度图像。蒙版中的纯白色区域可以遮盖下面图层的内容，仅显示当前图层的图像；蒙版中的纯黑色区域可以遮盖当前图层的图像，显示下面图层的内容；蒙版中的灰色区域则根据其灰度值使当前图层中的图像呈现不同程度的透明效果。

基于以上原理，如果要隐藏当前图层中的图像，可以使用黑色涂抹蒙版；如果要显示当前图层中的图像，可以使用白色涂抹蒙版；如果要使当前图层中的图像呈现半透明效果，则使用不同灰度的灰色涂抹蒙版。

2. 创建图层蒙版

执行“图层”|“图层蒙版”|“显示全部”命令，可以创建一个显示图层内容的白色蒙版。

执行“图层”|“图层蒙版”|“隐藏全部”命令，可以创建一个隐藏图层内容的黑色蒙版。

在“图层”面板中单击“添加图层蒙版”按钮，即可创建一个空白蒙版，如图 7-22 所示。

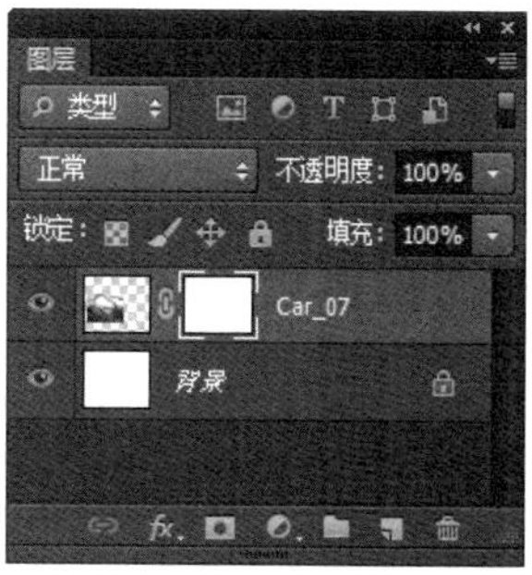

图 7-22　空白蒙版

在 Photoshop 中使用画笔、加深、减淡、涂抹等工具修改图层蒙版时，可以选择不同样式的笔尖。此外，还可以用各种滤镜编辑蒙版，得到特殊的图像合成效果。例如，利用图 7-23、图 7-24 和图 7-25 三张素材图片，结合蒙版功能制作出图像的融合效果，最终效果如图 7-26 所示。

图 7-23　素材图(1)

图 7-24　素材图(2)

图 7-25　素材图(3)

图 7-26　效果图

3. 从选区生成蒙版

蒙版与选区.mp4

创建选区，执行“图层”|“图层蒙版”|“显示选区”命令，可以基于选区创建蒙版；执行“图层”|“图层蒙版”|“隐藏选区”命令，则选区内的图像将被蒙版遮盖。此外，用户也可以在创建选区后，单击“图层”面板中的“添加图层蒙版”按钮来从选区生成蒙版。

4. 删除图层蒙版

选中蒙版缩略图，执行“图层”|“图层蒙版”|“删除”命令；或右击蒙版缩略图，在弹出的快捷菜单中执行“删除图层蒙版”命令；或将蒙版缩略图拖至“图层”面板底部的“删除图层”按钮上，在弹出的“要在移去之前将蒙版应用于图层吗”对话框中单击“删除”按钮，即可删除蒙版，同时取消蒙版产生的效果。

选中蒙版缩略图，执行“图层”|“图层蒙版”|“应用”命令；或右击蒙版缩略图，在弹出的快捷菜单中执行“应用图层蒙版”命令；或将蒙版缩略图拖至“图层”面板底部的“删除图层”按钮上，在弹出的“要在移去之前将蒙版应用于图层吗”对话框中单击“应用”按钮，也可以删除蒙版，但保留蒙版产生的效果。

5. 链接与取消链接蒙版

创建图层蒙版后，蒙版缩略图和图像缩略图中间有一个链接标志，它表示蒙版与图像处于链接状态，此时进行变换操作，蒙版会同图像一起变换；执行“图层”|“图层蒙版”|“取消链接”命令，或者单击该图标，可以取消链接，取消后可以单独变换蒙版也可以单独变换图像。

添加图层蒙版后，蒙版缩略图外侧有一个白色的边框，表示蒙版处于编辑状态；如果要编辑图像，则单击图像缩略图，将边框转移到图像上。图层处于编辑状态时，“图层”面板如图 7-27 所示；蒙版处于编辑状态时，“图层”面板如图 7-28 所示。

6. 复制与转移蒙版

按住 Alt 键，将一个图层的蒙版拖至另外的图层，可以将蒙版复制到目标图层。如果直接将蒙版拖至另外的图层，则可以将蒙版转移到目标图层，原图层将不再有蒙版。

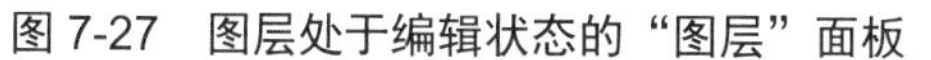

图 7-27　图层处于编辑状态的“图层”面板

图 7-28　蒙版处于编辑状态的“图层”面板

三、矢量蒙版

矢量蒙版.mp4

由钢笔、自定义形状等矢量工具创建的蒙版与分辨率无关，常用于制作 Logo、按钮或其他 Web 元素。无论图像自身的分辨率是多少，只要使用了该蒙版，都可以得到平滑的轮廓。

1. 创建矢量蒙版

使用钢笔工具或者自定形状工具在画面中绘制路径，执行“图层”|“矢量蒙版”|“当前路径”命令，或者按住 Ctrl 键单击“添加图层蒙版”按钮，即可基于当前路径创建矢量蒙版。例如，两个图层的最初效果如图 7-29 所示；绘制多边形路径，添加矢量蒙版后，效果如图 7-30 所示，矢量蒙版如图 7-31 所示。

执行“图层”|“矢量蒙版”|“显示全部”命令，可以创建一个显示全部图像内容的矢量蒙版；执行“图层”|“矢量蒙版”|“隐藏全部”命令，可以创建一个隐藏全部图像内容的矢量蒙版。

图 7-29　添加矢量蒙版前

图 7-30　创建矢量蒙版后

2. 将矢量蒙版转换为图层蒙版

单击矢量蒙版缩略图，执行“图层”|“栅格化”|“矢量蒙版”命令；或右击矢量蒙版缩略图，在弹出的快捷菜单中选择“栅格化矢量蒙版”命令，可以将其栅格化，转换为图层蒙版。

矢量蒙版的删除、链接等操作与图层蒙版完全相同，在此不再赘述。

四、剪贴蒙版

剪贴蒙版可以用一个图层中包含像素的区域来限制它上层图像的显示范围。它的最大优点是可以通过一个图层来控制多个图层的可见内容(这些图层必须相连)，而图层蒙版和矢量蒙版只能用于控制一个图层。

执行“图层”|“创建剪贴蒙版”命令，或按 Alt+Ctrl+G 组合键，即可为当前图层及其下面的图层创建一个剪贴蒙版。例如，文件中包含 3 个图层，如图 7-32 所示。

图 7-31　矢量蒙版

图 7-32　图层面板

中间的心形图层“图层 2”被上方的图层覆盖，最初显示效果如图 7-33 所示。如果为“图层 1”添加剪贴蒙版，则会出现图 7-34 所示的效果，添加剪贴蒙版后的“图层”面板如图 7-35 所示。

图 7-33　添加剪贴蒙版前

图 7-34　添加剪贴蒙版后

图 7-35 所示的剪贴蒙版组中，“图层 2”名称带有下划线，表示此图层为基底图层，而上方的“图层 1”为内容图层(其缩略图是缩进的，并显示 ↲ 图标)。基底图层中包含像素的区域控制内容图层的显示范围。因此，通过移动基底图层，可以改变内容图层的显示区域。

图 7-35　剪贴蒙版

选择内容图层，执行“图层”|“释放剪贴蒙版”命令，或按 Alt+Ctrl+G 组合键，可以释放全部剪贴蒙版。

【任务实践】

(1) 执行“文件”|“打开”命令，弹出“打开文件”对话框，找到“配套素材文件\项目七”文件夹，打开 7-2.jpg 文件；在工具箱中选择“移动工具”，将文件内容拖动到“宣传海报”文件中，效果如图 7-36 所示。

海报背景制作.mp4

(2) 单击图层面板底部的调整图层按钮，弹出“调整图层”菜单，效果如图 7-37 所示。

图 7-36　效果图(1)

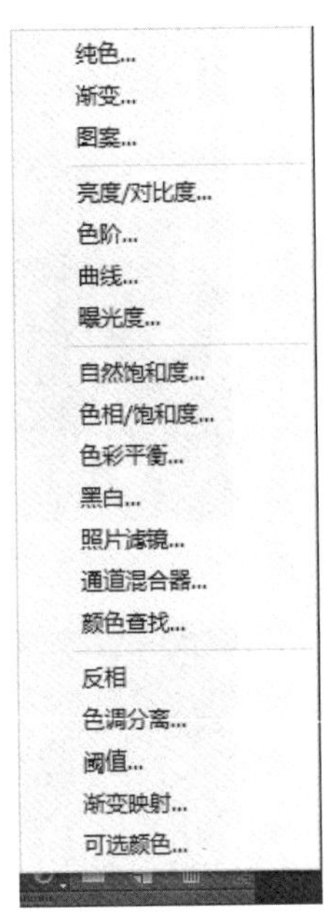

图 7-37　“调整图层”菜单

(3) 选择“色彩平衡”命令，调整“青色”选项为-100，“洋红”选项为-8，“蓝色”选项为 74，如图 7-38 所示，其效果图如图 7-39 所示。

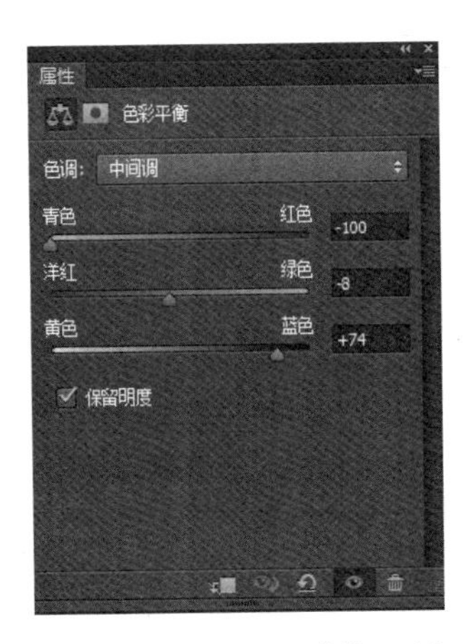

图 7-38　“色彩平衡”面板

图 7-39　效果图(2)

(4) 执行“文件”|“打开”命令，弹出“打开文件”对话框，找到“配套素材文件\项目七”文件夹，打开 7-3.jpg 文件；在工具箱中选择“移动工具”，将文件内容拖动到“宣

传海报”文件中，效果如图 7-40 所示。

(5) 在“图层”面板中选中“图层 2”，添加图层蒙版，如图 7-41 所示。

图 7-40　效果图(3)

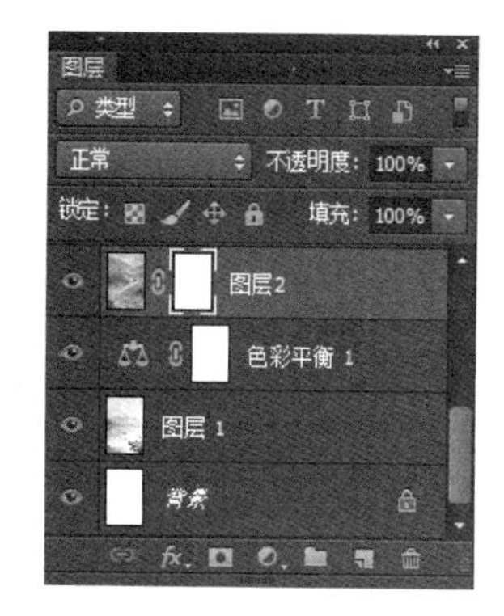

图 7-41　“图层”面板

(6) 选择“渐变工具”，设置前景色为黑色，背景色为白色，在文件下方向上拖动鼠标填充图层蒙版，效果如图 7-42 所示。

(7) 执行“文件”|“打开”命令，弹出“打开文件”对话框，找到“配套素材文件\项目七”文件夹，打开 7-1.psd 文件；在工具箱中选择“移动工具”，将人物拖动到“宣传海报”文件中，效果如图 7-43 所示。

图 7-42　效果图(4)

图 7-43　效果图(5)

(8) 在工具箱中选择“直排文字工具”，设置字体为华文新魏，字号为 72 点，前景色为#7a1c01，然后输入文字“大学生书法竞赛”，效果如图 7-44 所示。

(9) 在工具箱中选择“直排文字工具”，设置字体为华文新魏，字号为 36 点，前景色为黑色，然后输入文字“以青春笔触 绘传统风华”，效果如图 7-45 所示。

图 7-44　效果图(6)

图 7-45　效果图(7)

(10) 执行“文件”|“打开”命令，弹出“打开文件”对话框，找到“配套素材文件\项目七”文件夹，打开 7-4.psd 文件；在工具箱中选择“移动工具”，将人物拖动到“宣传海报”文件中；按下 Ctrl+T 快捷键，将图片调整到合适大小，效果如图 7-46 所示。

(11) 在“图层”面板中选中“图层 4”，添加图层蒙版；选择“渐变工具”，设置前景色为黑色，背景色为灰色(#757373)；在飞鸟下方向上拖动鼠标填充图层蒙版，效果如图 7-47 所示。

图 7-46　效果图(8)

图 7-47　效果图(9)

(13) 执行“文件”|“存储”命令，弹出“存储”对话框，选择文件存储位置，单击“确定”按钮，结束制作。

上机实训　设计制作博客效果图

1. 实训背景

博客是一种个人管理的网站，通常不定期发布新文章，是一种方便、易用且具有极高价值的网络个人表达平台。本项目是为喜爱音乐的博主制作的个人博客主页。

2. 实训内容和要求

本项目采用通道技术对佩戴耳麦的人物进行图像分离，利用蒙版技术将音符等元素与背景进行融合，并添加了方便博主进行操作的按钮。

3. 实训步骤

(1) 新建文件。

(2) 打开人物素材，使用通道抠图的方式将人物选择并复制出来，注意头发的细节处理。

(3) 将人物拖动到文件中。

(4) 添加背景图片，调整图片颜色。

(5) 将背景图片添加图层蒙版。选择“画笔工具”，设置前景色为黑色，在文件右下方拖动鼠标涂抹图层蒙版，不断调整前景色为深浅不一的灰色，在人物周围涂抹颜色。

(6) 在工具箱中选择“横排文字工具”，设置字体为“宋体”、字号为 48 点、前景色为白色，然后输入文字“大学生的音乐之家”。

(7) 在工具箱中选择“横排文字工具”，设置字体为 Arial、字号为 18 点、前景色为白色，然后输入文字“http://blog.sina.com.cn/u/123456789”。

(8) 创建新图层，选择“矩形选框工具”，在文件右下角绘制选区；设置前景色为#ECECEC，选择“油漆桶工具”填充选区；添加“斜面和浮雕”图层样式，选择“文字工具”，然后输入文字“个人中心”。

(9) 重复执行步骤(8)，制作“发博文”和“页面设置”按钮，完成效果制作。

4. 实训素材及效果

实训素材及效果如图 7-48～图 7-50 所示。

图 7-48　素材 1

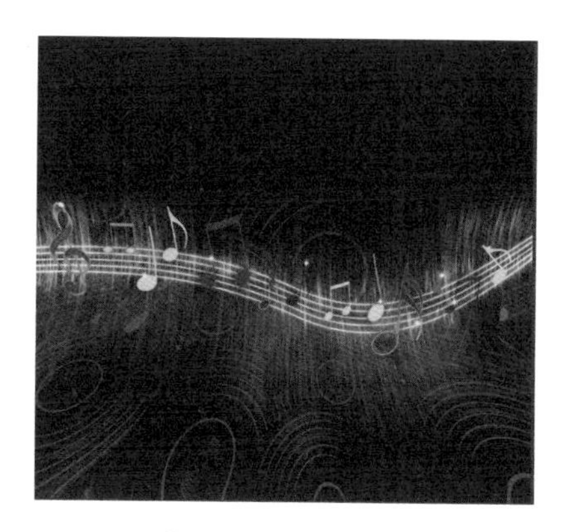

图 7-49　素材 2

图 7-50　效果图

技能点测试

职业技能要求：能通过叠加图层样式、蒙版等方法合并图片；能使用蒙版工具对图形进行遮罩剔除。

习　　题

1. 在 Photoshop 中，Alpha 通道其实是一个(　　)图像，其黑色部分为透明区域，白色部分为不透明区域，灰色部分为半透明区域。因此，我们常用 Alpha 通道来制作一些图像的特殊效果。

A. 灰度　　B. 彩色　　C. RGB　　D. Lab

2. 在 Photoshop 的“通道”面板中，图像的(　　)决定了生成通道的数目。

A. 图层数目　　B. 分辨率　　C. 色彩模式　　D. 图像尺寸

3. Alpha 通道的主要用途是(　　)。

A. 保存图像的色彩信息　　B. 进行通道运算

C. 用来存储和建立选择范围　　D. 调整图像的不透明度

4. Photoshop 的当前图像中存在一个选区，按 Alt 键单击“添加蒙版”按钮，与不按 Alt 键单击“添加蒙版”按钮，其区别为(　　)。

A. 蒙版恰好是反相的关系

B. 没有区别

C. 前者无法创建蒙版，而后者能够创建蒙版

D. 前者在创建蒙版后选区仍然存在，而后者在创建蒙版后选区不再存在

5. 使用快速蒙版与图层蒙版一样，都可以通过蒙版中的黑、白、灰变化来实现图像间的(　　)。

A. 明暗变化　　B. 自然融合　　C. 局部选取　　D. 运算

6. 下列图层类型中能够添加图层蒙版的是(　　)。

A. 文本图层　　B. 图层组　　C. 透明图层　　D. 背景图层

7. Alpha 通道的主要用途是(　　)。

A. 保存图像的色彩信息　　B. 进行通道运算

C. 用来存储和建立选择范围　　D. 调节图像的不透明度

8. 通道面板中，按钮的主要功能是(　　)。

A. 将通道作为选区载入　　B. 将选区存储为通道

C. 创建新通道　　D. 创建新专色通道

9. 在实际工作中，常常采用(　　)的方式来制作复杂及琐碎图像的选区，如人和动物的毛发等。

A. 钢笔工具　　B. 套索工具　　C. 通道选取　　D. 魔棒工具

10. Photoshop 中多处涉及蒙版的概念，如快速蒙版、图层蒙版等，所有这些蒙版的概念都与(　　)的概念相类似。

A. Alpha 通道　　B. 颜色通道　　C. 复合通道　　D. 专色通道

11. 下面对专色通道的描述正确的是(　　)。

A. 在图像中可以增加专色通道，但不能将原有的通道转化为专色通道

B. 不能将颜色通道与专色通道合并

C. CMYK 油墨无法呈现专色油墨的色彩范围，因此要印刷带有专色的图像，需要创建专色通道

D. 为了输出专色通道，请将文件以 TIFF 格式或 PSD 格式存储

12. 在实际工作中，常常采用(　　)的方式来制作复杂及琐碎图像的选区，如人和动物的毛发等。

A. 钢笔工具　　B. 套索工具　　C. 通道选取　　D. 魔棒工具

13. Photoshop 中 CMYK 模式下的通道有(　　)个。

A. 4　　B. 5　　C. 3　　D. 1

14. 通过通道运算可以产生非常奇妙的效果，通道的运算是基于两个通道中相对应的(　　)来进行计算的。

A. 彩色信息　　B. 灰度图像　　C. 像素点　　D. 选区

15. 图层创建图层蒙版后，如果要隐藏当前图层中的图像，可以使用(　　)涂抹蒙版。

A. 黑色画笔　　B. 钢笔工具　　C. 白色画笔　　D. 铅笔工具

项目八

网页效果图制作——滤镜与动作

【项目导入】

网页是构成网站的基本元素，也是承载各种网站应用的平台。网页效果图是网页页面的图片表现形式。本项目为度假村制作网页主页效果图。

【项目分析】

本项目选取与度假和放松相关的素材，在主页上展示度假村的建筑风格和环境特点，并添加与家庭及健康生活相关的元素，主题色调淡雅清新，给人宁静放松的感觉，与度假村的风格与宣传主题相契合。

【能力目标】

- 熟悉滤镜库下各个滤镜命令的参数设计，理解其对整体效果的影响。
- 掌握使用消失点滤镜去除图片杂物的方法。
- 能够利用“动作”面板完成相关效果的制作。

【知识目标】

- 熟悉使用不同滤镜命令的各个参数改变滤镜效果的方法。
- 熟悉滤镜库下各个滤镜命令的效果。
- 掌握动作的创建、使用与保存的方法。

【素质目标】

- 项目选取旅游网页效果图制作，引导学生感受祖国的大好河山，提升学生的国家民族归属感、荣誉感和责任感。
- 项目文案及素材的综合应用，旨在引导学生创造性思维及团队合作能力的培养。

任务一　网页主体元素制作

【知识储备】

一、网页设计介绍

网页是构成网站的基本元素，也是承载各种网站应用的平台。网页效果图，又称页面效果图，是网页页面的图片表现形式，通常用于建站的前期阶段。

在网站制作人员了解客户需求后，要根据客户的需求起草网站策划书，客户同意策划方案后，网站美工将制作若干张网页效果图，图片多为.jpg、.psd、.png 格式，客户选择一张效果图作为模型，或者根据客户的意见再次修改效果图，直到客户满意为止。效果图设计是网站项目开发中非常重要的一环，通过效果图，客户可以把自己想展示的内容以图像的方式表现出来。因此，效果图设计阶段是网站开发中最繁杂、最漫长的阶段，往往要占据项目开发时间的 1/3 甚至 2/3。

1. 网页的基本构成元素

一般来说，组成网页的元素有文字、图形、图像、声音、动画、影像、超链接以及交互式处理等。文本是最基本的构成元素，是信息内容的主体；超链接是网页与其他网页及网络资源之间联系的纽带；图片和动画是静态和动态的图形文件。在网页效果图中的元素主要有网站 Logo、网站 Banner、导航栏、文本、图像等元素。

2. 网页效果图布局原则

网页布局设计是指合理安排网页中图像和文字之间的位置关系，简单来说，也可以称为网页排版。网页布局设计的目的是能够给浏览者呈现清晰美观的视觉效果，使整个页面元素组成一个有机的整体。网页效果图布局原则包括以下几条。

1) 主次分明，中心突出

在一个页面上，必然要考虑视觉中心，这个中心一般在屏幕的中央，或者在屏幕左上方的视觉优势位置。因此，一些重要的文章和图片一般可以安排在这些位置，在视觉中心以外的地方就可以安排那些稍微次要的内容。这样在页面上就突出了重点，做到了主次分明。

2) 大小搭配，相互呼应

较长的文章或标题不要编排在一起，要有一定的距离，同样，较短的文章也不能编排在一起。图片的布局安排也是这样，要互相错开，大小图片之间要有一定的间隔，这样可以使页面错落有致，避免重心偏离。

3) 图文并茂，相得益彰

文字和图片具有一种相互补充的视觉关系，页面上文字太多，就显得沉闷，缺乏生气；页面上图片太多，缺少文字，必然就会减少页面的信息容量。因此，最理想的效果是文字与图片密切配合，互为衬托，既活跃页面，又使页面中有丰富的内容。

3. 网页效果图布局分类

网页效果图布局大致可以分为骨骼型、满版型、分割型、中轴型(或对称型)、焦点型、倾斜型、曲线型、三角形、自由型等类型。

1) 骨骼型

骨骼型版式是一种规范、严谨的分割方式，也是最为普通和常见的一种形式，它类似报刊的版式。常见的骨骼型网页版式有竖向通栏、双栏、三栏、四栏和横向通栏、双栏、三栏、四栏等，通常以竖向分栏居多。这种版式给人以和谐、理性的感觉。

2) 满版型

满版型版式以图像为主要内容，由图像充满整个页面，部分文字可以置于图像之上。其视觉传达效果直观而突出，给人以生动、大方的感觉。满版型版式被各种网站设计所采用，以学校、娱乐、体育、艺术、儿童以及个性化网站为主，其中以韩国网站居多。

3) 分割型

分割型版式把整个页面分成上下或左右两部分，分别安排图片或文字内容。两部分形成对比，使图片部分感性而具表现力，文字部分则理性而具说服力。它也可以调整图片和文字所占的面积比例来调节对比强弱。如果图片比例过大、文字字体过于纤细、段落疏松，那么会造成视觉心理的不平衡，显得生硬。

4) 中轴型(或对称型)

中轴型(或对称型)版式是将图片和文字沿浏览器窗口的中间轴心位置做水平或垂直方向排列的一种设计方式。沿中轴水平方向排列的页面可以给人稳定、平静、含蓄的感觉，沿中轴垂直方向排列的页面可以给人以舒畅的感觉。采用这种版式设计的网页比较适合做网站的首页。

5) 焦点型

焦点型版式通过引导浏览者的视线，产生强烈的视觉效果，如集聚感或膨胀感等。中心焦点型是将图片或文字置于页面的视觉中心，向心焦点型是用视觉元素引导浏览者的视线向页面中心聚拢，离心焦点型是用视觉元素引导浏览者的视线向外辐射。焦点型版式应用于各类网站的设计，以体育、娱乐、动画网站居多。

6) 倾斜型

倾斜型版式通常将多幅图片、文字做倾斜编排，形成不稳定感或强烈的动感，引人注目。

7) 曲线型

曲线型版式中，图片、文字在页面上做曲线的分割或编排，产生韵律与节奏。

倾斜型和曲线型这两类网页版式均为各类网站所采用。

8) 三角形

三角形版式是指页面各视觉元素呈三角形或多边形排列，它应用于各类网站的设计。正三角形最具稳定性；倒三角形可产生动感；侧三角形则构成一种均衡版式，既安定又有动感。

9) 自由型

自由型版式的页面具有活泼、轻快的气氛。这类版式也可以应用于多种网站设计，如娱乐、体育、个人、商务等。

以上介绍的基本版式类型并不是固定不变的，在实际设计中，设计师可以根据网页所要传达的主题内容灵活地变化版式。在设计前要认真分析网站的定位，在设计中要灵活把握版式结构，这样才能更好地达到设计目的。

二、滤镜相关知识

滤镜.mp4

使用滤镜功能可以对图像画面进行高级处理，也可以制作画面的特殊效果。Photoshop 中提供了近百种滤镜效果，这些滤镜效果分组归类后存放在菜单栏的“滤镜”主菜单中，如图 8-1 所示。

1. 上次滤镜操作

在执行某一滤镜后，若效果不能一步到位，需要重复执行相同的滤镜，可以执行“滤镜”|“上次滤镜操作”命令，也可以按 Ctrl+F 快捷键。此操作不会改变上次滤镜设置的参数。只有执行了任意滤镜命令后，该选项才可用，否则呈不可用状态。

2. 滤镜库

滤镜库可以提供许多特殊滤镜效果的预览。通过滤镜库，用户可以应用多个滤镜、打开或关闭滤镜的效果、复位滤镜的选项，以及更改应用滤镜的顺序。如果用户对预览效果满意，可以将效果应用于图像。滤镜库提供了大多数滤镜效果，但不是包括所有的滤镜。

执行“滤镜”|“滤镜库”命令，可以打开滤镜库，如图 8-2 所示。

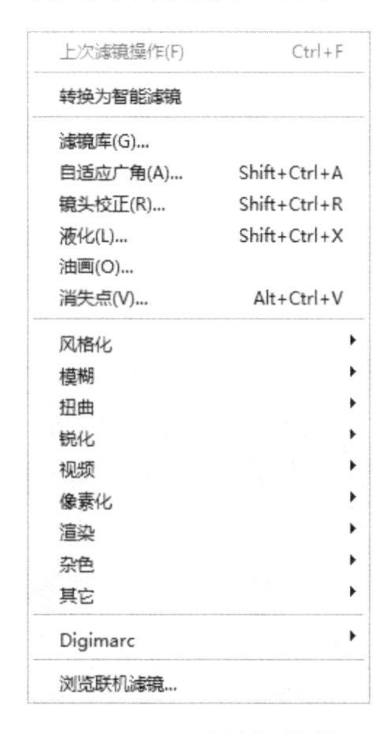

图 8-1　“滤镜”菜单

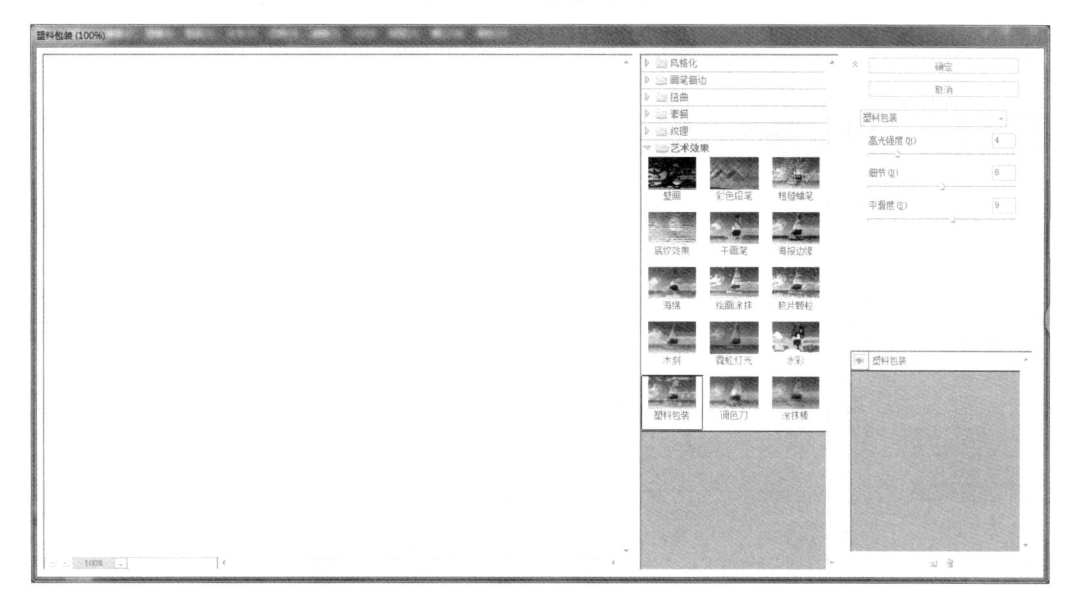

图 8-2　滤镜库

3. 液化滤镜

液化滤镜可以用于推、拉、旋转、反射、折叠和膨胀图像的任意区域，是修饰图像和创建艺术效果的强大工具。

人物脸型修饰.mp4

4. 消失点滤镜

消失点滤镜可以简化包含透视平面的图像进行的透视校正编辑的过程，可以在选定的图像区域内执行绘画、仿制、复制或粘贴以及变换等编辑操作，滤镜会自动应用透视原理，按照透视的角度和比例来自适应图像的修改，从而极大地节约精确设计和修饰照片所需的时间。

使用消失点滤镜来修饰、添加或移去图像中的内容，可以使结果更加逼真，因为系统能正确地确定这些编辑操作的方向，并且将它们缩放到透视平面上，如建筑物的侧面、墙壁、地面或任何矩形对象。

例如，打开素材“地板.jpg”文件，执行“滤镜”|“消失点”命令，会弹出“消失点”对话框，如图 8-3 所示。

图 8-3　原图

选择创建平面工具，在地板的前端单击四个顶点，形成透视矩形框，拖动平面覆盖拖鞋，再选择图章工具修复拖鞋，最终效果如图 8-4 所示。

图 8-4　效果图

三、部分滤镜功能及效果介绍

风格化滤镜组.mp4

1. 风格化滤镜

风格化滤镜主要对图像的像素进行处理，能够产生各种风格的印象派艺术效果。执行“滤镜”|“风格化”命令，在弹出的子菜单中可以看到所有风格化滤镜组的滤镜，包括查找边缘、等高线、风、浮雕效果、扩散、拼贴、曝光过度、凸出等，如图 8-5 所示。

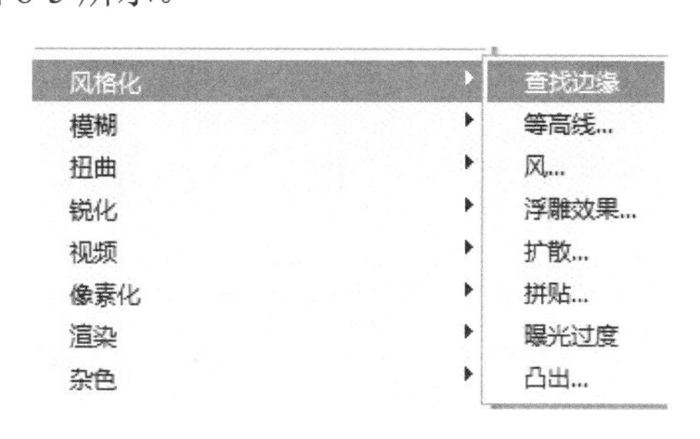

图 8-5　风格化滤镜组

(1) 查找边缘：可以强调图像的轮廓，用彩色线条勾画出彩色图像边缘，用白色线条勾画出灰度图像边缘。

(2) 等高线：可以识别图像中主要亮度区域的过渡区域，并对每个颜色通道用细线勾画边缘。

(3) 风：可以在图像中创建细小的水平线以模拟风效果。

(4) 浮雕效果：可以将图像的颜色转换为灰色，并用原图像的颜色勾画边缘，使选区显得突出或下陷。

(5) 扩散：可以根据所选的选项搅乱选区内的像素，使选区看起来聚焦较低。

(6) 拼贴：可以将图像拆散为一系列的拼贴图块。

(7) 曝光过度：可以使图像产生原图像与原图像的反相进行混合后的效果。

(8) 凸出：可以创建具有三维立体效果的图像。

例如，原图如图 8-6 所示，应用查找边缘滤镜后的效果如图 8-7 所示，应用风滤镜后的效果如图 8-8 所示，应用浮雕效果滤镜后的效果如图 8-9 所示，应用扩散滤镜后的效果如图 8-10 所示，应用拼贴滤镜后的效果如图 8-11 所示，应用曝光过度滤镜后的效果如图 8-12 所示，应用凸出滤镜的效果如图 8-13 所示。

2. 模糊滤镜

模糊滤镜可以模糊图像，这对修饰图像非常有用。模糊的原理是将图像中要模糊的硬边区域相邻近的像素值平均而产生平滑的过滤效果。模糊滤镜组的滤镜包括动感模糊、高斯模糊、进一步模糊、径向模糊、特殊模糊、表面模糊等。

(1) 动感模糊：能以某种方向(从-360°～+360°)和某种强度(从 1～999)模糊图像。此滤镜的效果类似于用固定的曝光时间捕捉运动的照片。

(2) 高斯模糊：这种模糊效果通过对图像中的每个像素点进行加权平均，达到模糊的目的，模糊了镜头对焦不准时的视觉效果。

图 8-6　原图

图 8-7　查找边缘滤镜

图 8-8　风滤镜

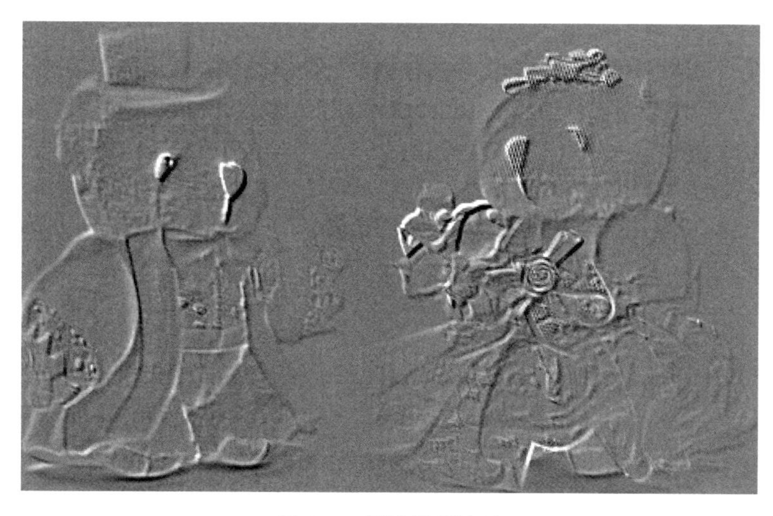

图 8-9　浮雕效果滤镜

图 8-10　扩散滤镜

图 8-11　拼贴滤镜

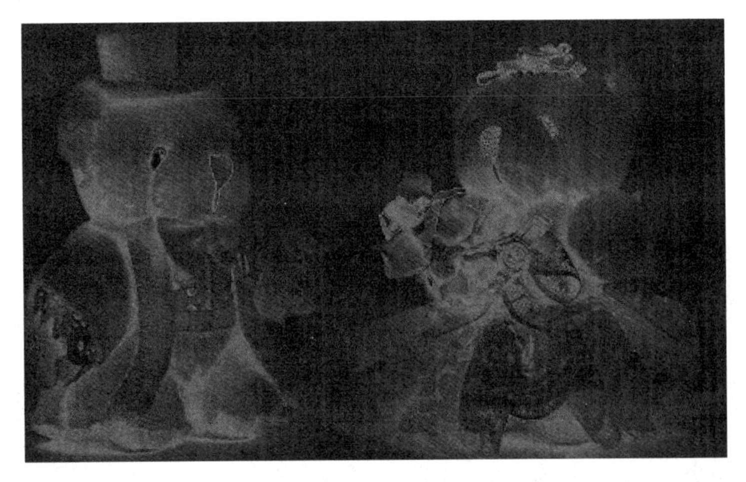

图 8-12　曝光过度滤镜

图 8-13　凸出滤镜

(3) 进一步模糊：可以消除图像中有明显颜色变化处的杂点。

(4) 径向模糊：可以模糊前后移动相机或旋转相机产生的模糊，以制作柔和的效果。选择“旋转”模糊方法，可以沿同心弧线模糊，然后指定旋转角度；选择“缩放”模糊方法，可以沿半径线模糊，就像是放大或缩小图像。

(5) 特殊模糊：可以对一幅图像进行精细模糊。用户通过指定半径，可以确定滤镜搜索不同像素进行模糊的范围。

(6) 表面模糊：可以在保留边缘的同时模糊图像。此滤镜用于创建特殊效果并消除杂色或粒度。在“表面模糊”对话框中，“半径”选项用于指定模糊取样区域的大小；“阈值”选项用于控制相邻像素色调值与中心像素值相差多大时才能成为模糊的一部分，色调值差小于阈值的像素则不会被模糊。

3. 扭曲滤镜

水晶花效果制作.mp4

扭曲滤镜可以对图像进行几何变换，以创建三维或其他变换效果。

(1) 波浪：可以产生多种波动效果。此滤镜包括 Sine(正弦波)、Triangle(锯齿波)、Square(方波)三种波动类型。

(2) 波纹：可以在图像中创建起伏图案，模拟水面的波纹。

(3) 玻璃：可以模拟透过不同种类的玻璃观看图像的效果。

(4) 海洋波纹：可以为图像表面增加随机间隔的波纹，使图像看起来好像在水面上。

(5) 极坐标：可以将图像从直角坐标转换成极坐标，反之亦然。

(6) 挤压：可以挤压选区。

(7) 切变：可以沿曲线扭曲图像。

(8) 球面化：可以使图像产生扭曲并伸展，出现包在球体上的效果。

(9) 水波：可以径向扭曲图像，产生径向扩散的圈状波纹。

(10) 旋转扭曲：可以使图像中心产生旋转效果。

(11) 置换：可以根据选定的置换图来确定如何扭曲选区。

4. 锐化滤镜

锐化滤镜可增强图像中的边缘定义。无论图像来自数码相机还是来自扫描仪，大多数图像都受益于锐化，所需的锐化程度取决于数码相机或扫描仪的品质。请记住，锐化无法校正严重模糊的图像。锐化图像时，建议应用 USM 锐化滤镜或智能锐化滤镜，以便更好地进行锐化控制。尽管 Photoshop 中还提供锐化、锐化边缘和进一步锐化等滤镜，但是这些滤镜是自动的，不提供控制和选项。

(1) USM 锐化：可以通过增加相邻像素的对比度而使模糊的图像清晰。

(2) 进一步锐化：比锐化滤镜有更强的锐化效果。

(3) 锐化：可以聚焦选区并提高其清晰度。

(4) 锐化边缘：可以查找图像中有明显颜色转换的区域并进行锐化，可以调整边缘细节的对比度，并在边缘的每一侧制作一条更亮或更暗的线，以强调边缘，产生更清晰的图像效果。

(5) 智能锐化：可以通过设置锐化算法或控制阴影和高光中的锐化量来锐化图像。此滤镜具有 USM 锐化滤镜所没有的锐化控制功能，用户可以自行设定参数。

5. 素描滤镜

素描.mp4

素描滤镜可以给图像增添各种艺术效果的纹理，产生素描、速写等艺术效果，也可以制作三维背景。

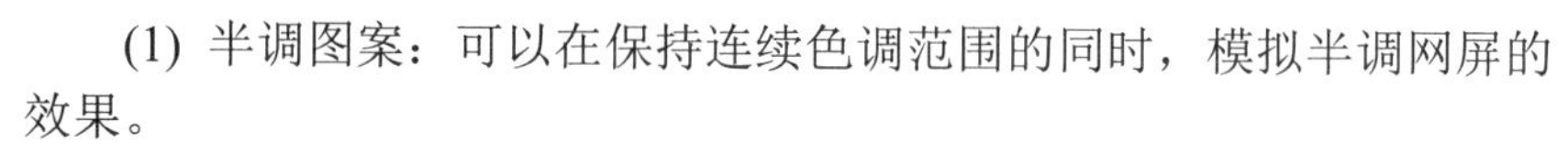

(1) 半调图案：可以在保持连续色调范围的同时，模拟半调网屏的效果。

(2) 便条纸：可以简化图像，产生凹陷的压印效果。

(3) 粉笔与炭笔：可以用粗糙的粉笔绘制纯中间调的灰色图像，暗调区域用黑色对角炭笔线替换。绘制的炭笔为前景色，绘制的粉笔为背景色。

(4) 铬黄：可以使图像产生磨光铬表面的效果。在反射表面中，高光为亮点，而暗调为暗点。

(5) 绘图笔：可以使用精细的直线油墨线条来描绘原图像中的细节以产生素描效果。

(6) 基底凸现：可以使图像变为具有浅浮雕效果的图像。图像的较暗区域使用前景色，较亮区域使用背景色。

(7) 水彩画纸：可以产生在潮湿的纤维纸上绘画的效果，使颜色溢出和混合。

(8) 撕边效果：可以使图像产生撕裂的效果，并使用前景色和背景色为图像上色。

(9) 炭笔：可以将图像中的主要边缘用粗线绘制，中间调用对角线条素描，产生海报画的效果。

(10) 炭精笔：可以在图像上模拟浓黑和纯白的炭精笔纹理。此滤镜在暗色区域使用前景色，在亮色区域使用背景色。为了获得更逼真的效果，可以在应用滤镜之前将前景色改为一种常用的炭精笔颜色(黑色、深褐色或血红色)。要获得减弱的效果，可以将背景色改为白色，在白色背景中添加一些前景色，然后应用滤镜。

(11) 图章：可以简化图像，产生图章效果。

(12) 网状：可以模拟胶片感光乳剂的受控收缩和扭曲，使图像的暗调区域结块，高光区域轻微颗粒化。

(13) 影印：可以模拟影印图像的效果，大范围的暗色区域主要只复制其边缘和远离纯黑或纯白色的中间调。

例如，图 8-14 所示为原图，应用半调图案滤镜后的效果如图 8-15 所示，应用便条纸滤镜后的效果如图 8-16 所示，应用粉笔与炭笔滤镜后的效果如图 8-17 所示，应用绘图笔滤镜后的效果如图 8-18 所示，应用基底凸现滤镜后的效果如图 8-19 所示，应用石膏效果滤镜后的效果如图 8-20 所示，应用水彩画纸滤镜后的效果如图 8-21 所示。

图 8-14　原图

图 8-15　半调图案滤镜

图 8-16　便条纸滤镜

图 8-17　粉笔与炭笔滤镜

图 8-18　绘图笔滤镜

图 8-19　基底凸现滤镜

图 8-20　石膏效果滤镜

图 8-21　水彩画纸滤镜

6. 纹理滤镜

纹理.mp4

纹理滤镜可以为图像添加具有深度感和材料感的纹理。

(1) 龟裂缝：可以沿着图像轮廓产生精细的裂纹网。

(2) 颗粒：可以模拟不同种类的颗粒给图像增加纹理。

(3) 马赛克拼贴：可以将图像分裂为具有缝隙的小块。

(4) 拼缀图：可以将图像拆分为整齐排列的方块，用图像中该区域的最显著颜色来填充。

(5) 染色玻璃：可以将图像重绘为以前景色勾画的单色相邻单元格。

(6) 纹理化：可以在图像上应用用户选择或创建的纹理。

例如，原图如图 8-22 所示，应用龟裂缝滤镜后的效果如图 8-23 所示，应用颗粒滤镜后的效果如图 8-24 所示，应用马赛克拼贴滤镜后的效果如图 8-25 所示，应用拼缀图滤镜后的效果如图 8-26 所示，应用染色玻璃滤镜后的效果如图 8-27 所示，应用纹理化滤镜后的效果如图 8-28 所示。

图 8-22　原图

图 8-23　龟裂缝滤镜

图 8-24　颗粒滤镜

图 8-25　马赛克拼贴滤镜

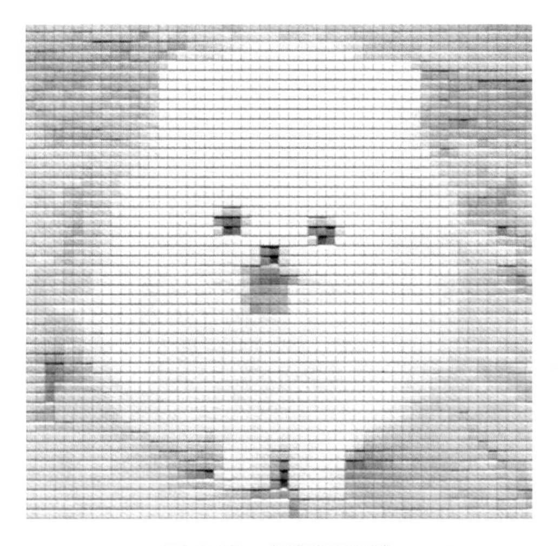

图 8-26　拼缀图滤镜

图 8-27　染色玻璃滤镜

图 8-28　纹理化滤镜

7. 像素化滤镜

像素化.mp4

像素化滤镜可以将指定单元格中相似颜色值结块并平面化。

(1) 彩块化：可以将纯色或相似颜色的像素结块为彩色像素块。使用此滤镜可以使图像看起来像是手绘的。

(2) 彩色半调：可以在图像的每个通道上模拟使用扩大的半调网屏的效果。

(3) 点状化：可以将图像中的颜色分散为随机分布的网点。

(4) 晶格化：可以将像素结块为纯色多边形。

(5) 马赛克：可以将像素结块为方块，每个方块内的像素颜色相同。

(6) 碎面效果：可以将图像中的像素创建四份备份，进行平均，再使它们互相偏移。

(7) 铜板雕刻：可以将灰度图像转换为黑白区域的随机图案，将彩色图像转换为全饱和颜色随机图案。

8. 渲染滤镜

渲染滤镜可以在图像中创建三维图形、云彩图案、折射图案和模拟光线反射。

(1) 分层云彩：可以利用随机生成的介于前景色与背景色之间的值，生成云彩图案。此滤镜将云彩数据与现有的像素混合，其方式与差值模式混合颜色的方式相同。第一次选取此滤镜时，图像的某些部分被反相为云彩图案。多次应用此滤镜后，会创建出与大理石的纹理相似的凸缘与叶脉图案。应用分层云彩滤镜时，现有图层上的图像数据会被替换。

(2) 光照效果：可以通过改变 17 种光照样式、3 种光照类型和 4 套光照属性，在 RGB 图像上产生无数种光照效果，还可以使用灰度文件的纹理(称为凹凸图)产生类似 3D 的效果，并存储自己的样式以便在其他图像中使用。

(3) 镜头光晕：可以模拟亮光照射在相机镜头上产生的折射效果。

(4) 纤维：可以使用前景色和背景色创建编织纤维的外观。在“纤维”对话框中，可以使用“差异”滑块来控制颜色的变化方式，较小的值会产生较长的颜色条纹，而较大的值会产生非常短且颜色分布变化更大的纤维。“强度”滑块用于控制每根纤维的外观，较小的值会产生松散的织物，而较大的值会产生短的绳状纤维。单击“随机化”按钮，可以更改图案的外观；可以多次单击该按钮，直到出现喜欢的图案。应用纤维滤镜时，现有图层上的图像数据将被替换。

(5) 云彩：可以使用前景色和背景色随机生成柔和的云彩图案。

【任务实践】

网页主体元素制作.mp4

(1) 执行“文件”|“新建”命令，弹出“新建”对话框，设置“名称”为“主体元素制作”、“宽度”为 720 像素、“高度”为 350 像素、“分辨率”为 72 像素/英寸、“颜色模式”为“RGB 颜色”，单击“确定”按钮，即可完成新建文件操作，如图 8-29 所示。

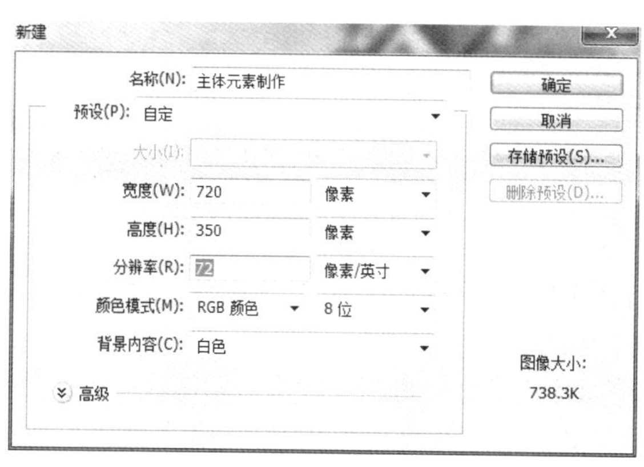

图 8-29　“新建”对话框

(2) 执行“文件”|“打开”命令，弹出“打开文件”对话框，找到“配套素材文件\项目八”文件夹，打开 8-1.psd 文件。

(3) 在工具箱中选择移动工具，拖动 8-1.psd 文件的内容到“主体元素制作”文件中，效果如图 8-30 所示。

图 8-30 效果图(1)

(4) 执行“文件”|“打开”命令，弹出“打开文件”对话框，找到“配套素材文件\项目八”文件夹，打开 8-2.jpg 文件。

(5) 在工具箱中选择移动工具，拖动 8-2.jpg 文件的内容到“主体元素制作”文件中，注意图层位置要在“图层 1”下方，效果如图 8-31 所示。

图 8-31 效果图(2)

(6) 执行“文件”|“打开”命令，弹出“打开文件”对话框，找到“配套素材文件\项目八”文件夹，打开 8-3.jpg 文件。

(7) 在工具箱中选择套索工具，沿着房子边界绘制选区；在工具箱中选择移动工具，拖动 8-3.jpg 文件的内容到“主体元素制作”文件中，效果如图 8-32 所示。

(8) 在“图层”面板中选中“图层 3”，添加图层蒙版；选择画笔工具，设置前景色为黑色，在房子周围拖动鼠标涂抹图层蒙版，效果如图 8-33 所示。

(9) 执行“文件”|“打开”命令，弹出“打开文件”对话框，找到“配套素材文件\项目八”文件夹，打开 8-4.jpg 文件。

(10) 在工具箱中选择磁性套索工具，沿着指示牌边界绘制选区；在工具箱中选择移动工具，拖动 8-4.jpg 文件的内容到“主体元素制作”文件中。

图 8-32　效果图(3)

图 8-33　效果图(4)

(11) 执行“编辑”|“变换”|“透视”命令，对图层添加自由变换边框，用鼠标单击边框，调出适合画面的透视效果，双击鼠标结束变换，效果如图 8-34 所示。

图 8-34　效果图(5)

(12) 在工具箱中选择横排文字工具，设置字体为“叶根友毛笔行书 2.0 版”、字号为 24 点、前景色为白色，单击鼠标，输入文字“爱的小屋”，效果如图 8-35 所示。

(13) 为背景图层添加渐变效果，降低图片的明暗对比，效果如图 8-36 所示。

图 8-35　效果图(6)

图 8-36　效果图(7)

(14) 在工具箱中选择横排文字工具，设置字体为 Charlemagne Std、字号为 24 点，单击鼠标，输入文字“THE LOVE HOUSE”。

(15) 栅格化图层之后，载入选区，为图层添加“铜色渐变”样式，效果如图 8-37 所示。

图 8-37　效果图(8)

(16) 添加其他文字，效果如图 8-38 所示。

图 8-38　效果图(9)

(17) 执行“文件”|“打开”命令，弹出“打开文件”对话框，找到“配套素材文件\项目八”文件夹，打开 8-5.psd 文件。

(18) 在工具箱中选择移动工具，拖动 8-5.psd 文件的内容到“主体元素制作”文件中，效果如图 8-39 所示。

图 8-39　效果图(10)

(19) 将文件保存为“主体效果图制作.jpg”文件，留作素材使用。

任务二　网页效果图制作

【知识储备】

一、动作

动作的基本操作.mp4

动作是指在单个文件或一批文件上执行的一系列任务，如菜单命令、面板选项、工具动作等。Photoshop 动作可以记录用户处理的步骤及其中的参数设置，生成一个后缀为“.ATN”的文件，保存在 Photoshop 安装目录里，可以重复调用，大大提高了工作效率。

动作可以包含暂停，便于执行无法记录的任务，也可以包含对话框，从而在播放动作时在对话框中输入数值。

1. “动作”面板

若干个命令组成一个动作，若干个动作又组成一个动作组，方便对动作的管理。“动作”面板可以记录、播放、编辑和删除各个动作，还可以用来存储和载入动作文件。执行“窗口”|“动作”命令，可以弹出“动作”面板，如图 8-40 所示。

Photoshop 中包含一个默认动作序列。单击“动作”面板右上角的按钮，在弹出的“动作”面板菜单中，可添加的动作集包括命令、画框、图像效果、制作、文字效果、纹理和视频动作，用户可以追加这些动作集。

“动作”面板中各按钮的功能如下。

- 停止：单击此按钮，可以停止记录或播放动作。
- 记录：单击此按钮，可以开始记录，按钮变为红色凹陷状态表示记录正在进行。
- 播放：展开一个动作组，选择一个动作，单击此按钮，可以执行一个动作。
- 创建新组：单击此按钮，可以创建一个新组，用来组织单个或多个动作。
- 创建新动作：单击此按钮，可以创建一个新动作的名称、快捷键等，并且同样具有录制功能。
- 删除：单击此按钮，可以删除一个或多个动作或组。

以默认动作中的“淡出效果(选区)”动作为例，单击动作名称左侧的图标，可以显示动作中的命令，再次单击图标，可以显示关于此命令的具体设定信息。单击“仿旧照片”动作左侧的图标，“动作”面板如图 8-41 所示。

图 8-40　“动作”面板

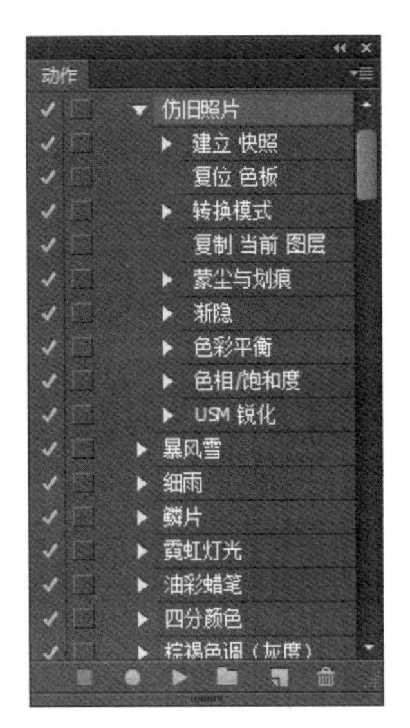

图 8-41　展开动作

在使用动作命令时，选中相关的动作命令，单击“播放”按钮，即可执行动作命令。例如，在图片中用矩形选框工具在画面中绘制选区，效果如图 8-42 所示。选中“动作”面板中的“淡出效果(选区)”动作，再单击“动作”面板底部的“播放”按钮，动作中的命令将被依次执行，并且弹出相应的对话框。动作执行完后，效果如图 8-43 所示。

图 8-42　添加选区

图 8-43　执行“淡出效果(选区)”命令后的效果

在使用动作命令时，也要根据提示信息进行操作。例如，执行淡出效果动作时不建选区或全选图片，都会影响动作的顺利执行，并且得不到满意的处理结果。当动作执行到“羽化”命令时，将弹出警告提示。

2. 创建动作

下面以给图片添加水印为例，介绍创建动作的方法。例如，打开素材文件，单击“动作面板”中的“创建新组”按钮，在弹出的对话框中输入名称“照片调整”，否则将以“动作+序列号”为默认名称；单击“动作”面板中的“创建新动作”按钮，弹出“新建动作”对话框，单击“确定”按钮，新建“动作 1”，此时，动作自动开始录制，“记录”按钮呈红色凹陷状态，“动作”面板如图 8-44 所示。

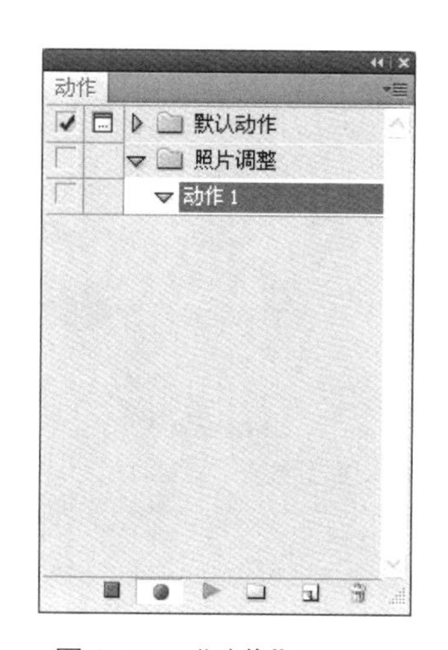

图 8-44　“动作”面板(1)

对如图 8-45 所示的图像依次执行以下操作。

(1) 使用文字工具输入文字“休闲一刻”，设置字体为“华文楷体”、字号为 36 点。

(2) 执行“图层”|“栅格化”|“文字”命令，栅格化文字图层。

(3) 双击文字图层，弹出“图层样式”对话框，设置“混合选项”选项卡中的“填充不透明度”为 0，单击“确定”按钮。

(4) 双击文字图层，弹出“图层样式”对话框，在左侧列表框中选中“斜面和浮雕”复选框，在对应的选项卡(或设置界面)中单击“确定”按钮。

(5) 单击“停止”按钮，结束录制动作，效果如图 8-46 所示。

图 8-45　原图(1)

图 8-46　效果图(1)

“动作”面板中记录了所有执行过的命令，如图 8-47 所示。

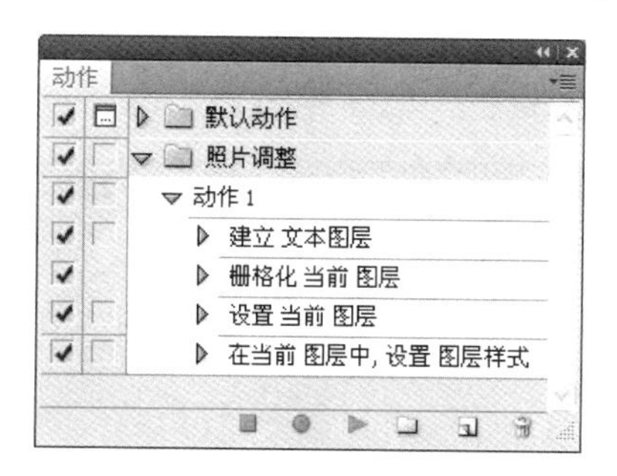

图 8-47　“动作”面板(2)

打开如图 8-48 所示的图片文件，执行“动作 1”后，效果如图 8-49 所示。

图 8-48　原图(2)

图 8-49　效果图(2)

3. 保存动作

动作可以输出为一个文件，保存在硬盘上。用户录制好一个动作后，就可以把它输出为动作文件保存下来，以备后来使用。

输出动作文件时，必须选中要存储的动作所在的组，而且组中的所有动作都将被输出保存。执行“动作”面板菜单中的“存储动作”命令，将弹出“存储”对话框，询问存储路径，单击“确定”按钮后，动作即被存储。

二、使用批处理命令

“批处理”命令可以对一个文件夹中的所有文件执行相同的动作。首先要创建一个文

件夹，将所有要编辑的图像都保存在里面。利用批处理功能将动作对象指定为该文件夹，Photoshop 就会自动打开文件夹中的文件，逐个应用动作。执行“文件”|“自动”|“批处理”命令，会弹出“批处理”对话框，如图 8-50 所示。

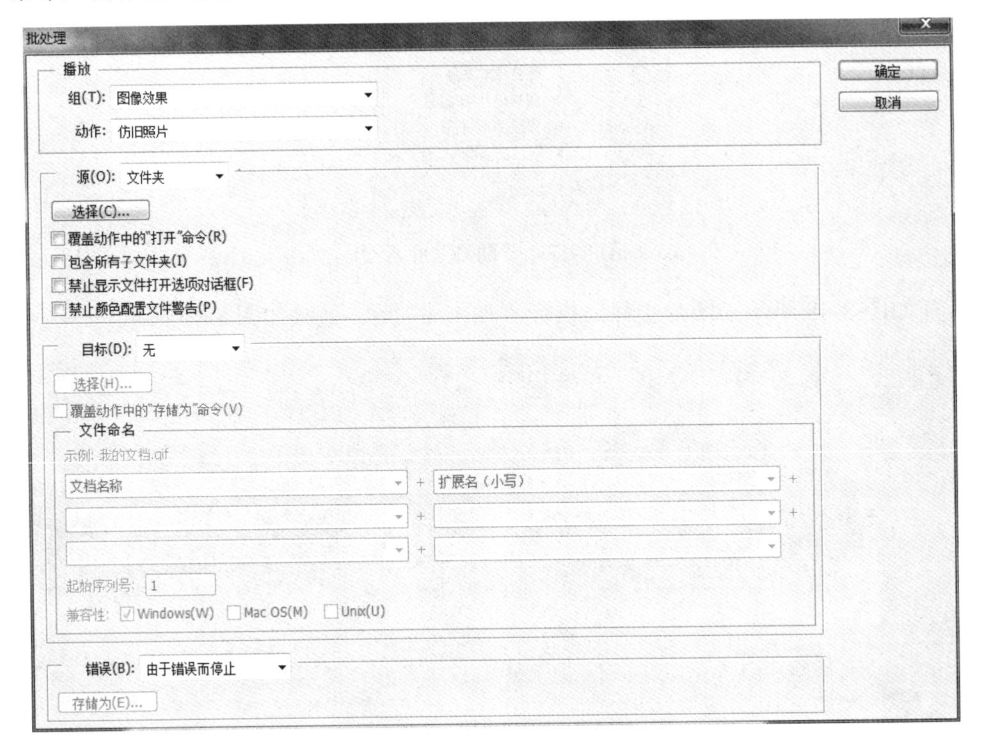

图 8-50 “批处理”对话框

“批处理”对话框中各选项的含义如下。

- 播放：在该选项组中可以选择进行批处理的动作，即可以选择对选定文件夹中的图像运行何种批处理动作，在这里可选择的批处理动作都是 Photoshop 自带的批处理动作，与“动作”面板中所显示的内容一致。
- 源：在选项组中可以选择图像文件的来源，即在做批处理时，是从文件夹还是通过输入得到图像。选择“文件夹”选项后，可以单击“选择”按钮来指定图像文件来源的文件夹。
    - ◆ 覆盖动作中的“打开”命令：表示可以按照设置的路径打开文件，而忽略在动作中记录的“打开”操作。
    - ◆ 包含所有子文件夹：表示可以对设置的路径中子文件夹中的所有图像文件做同一个动作的操作。
    - ◆ 禁止显示文件打开选项对话框：表示禁止打开文件打开选项对话框，这在批处理数码相机的原始图像文件时很有用，可以使用默认的或先前指定的具体设置。
    - ◆ 禁止颜色配置文件警告：表示在进行批处理过程中对出现的溢色问题提出警告。

【任务实践】

网页效果图制作.mp4

(1) 执行“文件”|“新建”命令，弹出“新建”对话框，设置“名称”为“网站效果图制作”、“宽度”为1024像素、“高度”为580像素、“分辨率”为72像素/英寸、“颜色模式”为“RGB颜色”，单击“确定”按钮，即可完成新建文件操作，如图8-51所示。

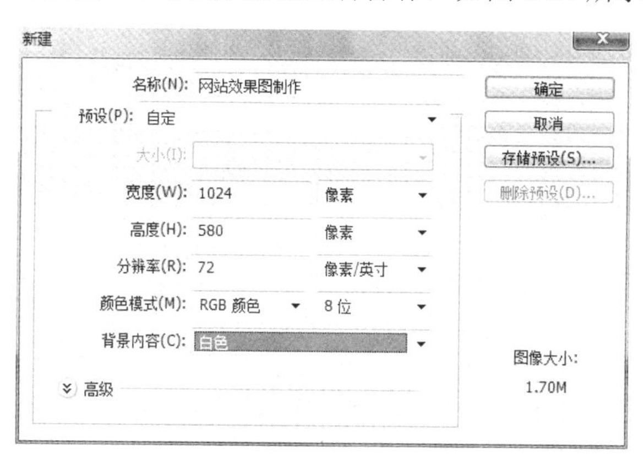

图8-51 “新建”对话框

(2) 执行“文件”|“打开”命令，弹出“打开文件”对话框，找到“配套素材文件\项目八”文件夹，打开8-6.jpg文件；在工具箱中选择移动工具，将文件内容拖动到“网站效果图制作”文件中，效果如图8-52所示。

图8-52 效果图(1)

(3) 执行“文件”|“打开”命令，弹出“打开文件”对话框，找到“配套素材文件\项目八”文件夹，打开“主体效果图制作.jpg”文件；在工具箱中选择移动工具，将文件内容拖动到“网站效果图制作”文件中，效果如图8-53所示。

图 8-53　效果图(2)

(4) 执行“文件”|“打开”命令，弹出“打开文件”对话框，找到“配套素材文件\项目八”文件夹，打开 8-7.psd 文件；在工具箱中选择移动工具，将 8-7.psd 文件的内容拖动到“网站效果图制作”文件中，效果如图 8-54 所示。

图 8-54　效果图(3)

(5) 在工具箱中选择横排文字工具，设置字体为 Cambria Math、字号为 24 点，单击鼠标，输入文字“Lovehouse”；设置字体为 Arial、字号为 13 点，单击鼠标，输入文字“www.lovehouse.com”，效果如图 8-55 所示。

(6) 执行“文件”|“打开”命令，弹出“打开文件”对话框，找到“配套素材文件\项目八”文件夹，打开 8-8.psd 文件；在工具箱中选择移动工具，将 8-8.psd 文件的内容拖动到“网站效果图制作”文件中，效果如图 8-56 所示。

(7) 执行“文件”|“打开”命令，弹出“打开文件”对话框，找到“配套素材文件\项目八”文件夹，打开 8-9.jpg 文件；在工具箱中选择移动工具，将 8-9.jpg 文件的内容拖动到“网站效果图制作”文件中。

图 8-55　效果图(4)

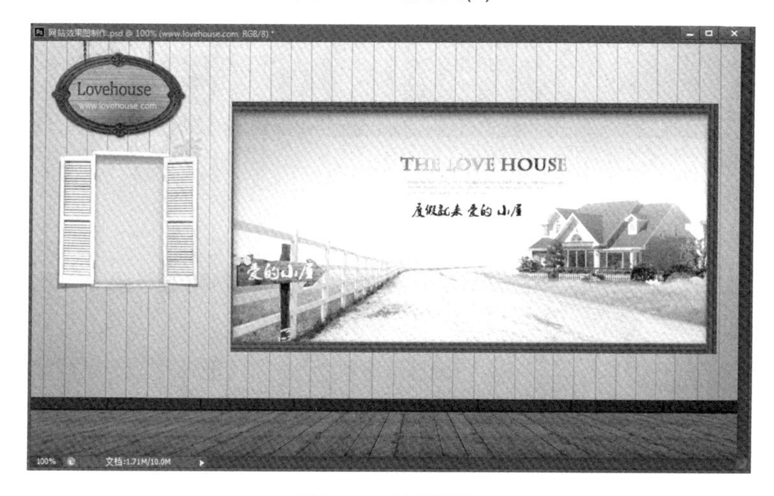

图 8-56　效果图(5)

(8) 在“图层”面板中选中“图层 5”，添加图层蒙版；选择画笔工具，设置前景色为黑色，在窗户周围拖动光标涂抹图层蒙版，效果如图 8-57 所示。

图 8-57　效果图(6)

(9) 执行“文件”|“打开”命令，弹出“打开文件”对话框，找到“配套素材文件\项目八”文件夹，打开 8-10.jpg 文件；在工具箱中选择移动工具，将 8-10.jpg 文件的内容拖动到“网站效果图制作”文件中，效果如图 8-58 所示。

图 8-58　效果图(7)

(10) 为网页添加文字导航条，效果如图 8-59 所示。

图 8-59　效果图(8)

(11) 为文字导航条添加图层样式，分别为图案叠加样式与外发光样式，效果如图 8-60 所示。

(12) 为文字导航条添加装饰元素，效果如图 8-61 所示。

(13) 在文件中添加联系信息，效果如图 8-62 所示。

(14) 执行“文件”|“存储”命令，弹出“存储”对话框，选择文件存储位置，单击“确定”按钮，结束网页效果图制作。

图 8-60　效果图(9)

图 8-61　效果图(10)

图 8-62　效果图(11)

上机实训　制作购物网站网页效果图

1. 实训背景

购物网站的网页效果图制作是以宣传卖点为目的的设计活动，重点是通过视觉元素向受众准确地表达购物网站售卖的货物及物品风格，提高点击率。

2. 实训内容和要求

本实训为红木家具销售公司制作购物网站的主页效果图，在主页中要重点展示与红木主题相符合的中国传统文化元素，结合背景的设计完成效果图。

3. 实训步骤

1) 背景制作

(1) 用“背景”素材作为案例背景层。

(2) 绘制路径作为背景装饰性元素。

(3) 绘制传统祥云形状作为背景装饰性元素。

(4) 将祥云素材拖动到背景中作为装饰元素。

(5) 复制并调整祥云层的大小及位置。

2) 主体部分制作

(1) 将素材文件“红木.psd”“椅子.psd”“锦鲤.psd”“红梅.psd”“燕子.psd”“毛笔.psd”等添加到文件中。

(2) 适当调整各个图层的位置及比例，摆放到合适的位置。

(3) 为椅子添加图层样式，调整阴影选项。

(4) 复制椅子图层，并设置混合模式为“柔光”。

3) 制作文字效果

(1) 将素材“文字.psd”缩小添加到文件中。

(2) 复制红木素材层并置于文字层上方。

(3) 为文字层创建剪贴蒙版。

(4) 适当添加文案，符合 banner 特点。

4. 实训素材及效果

实训素材及效果如图 8-63～图 8-72 所示。

图 8-63　素材图(1)

图 8-64　素材图(2)

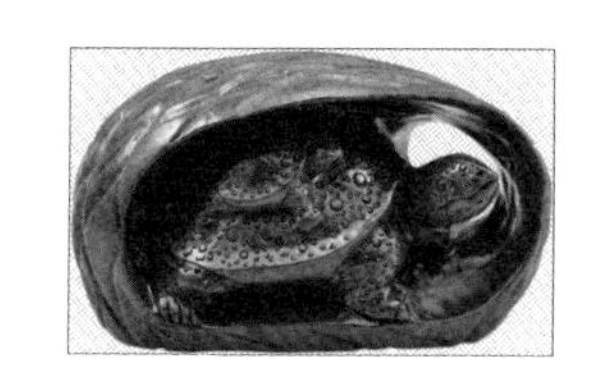

图 8-65　素材图(3)

图 8-66　素材图(4)

图 8-67　素材图(5)

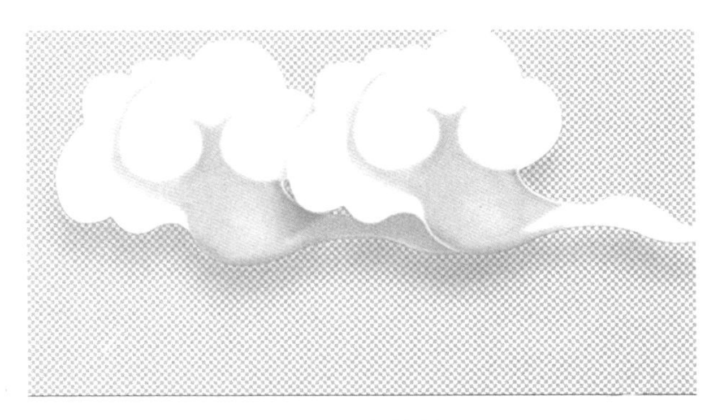

图 8-68　素材图(6)

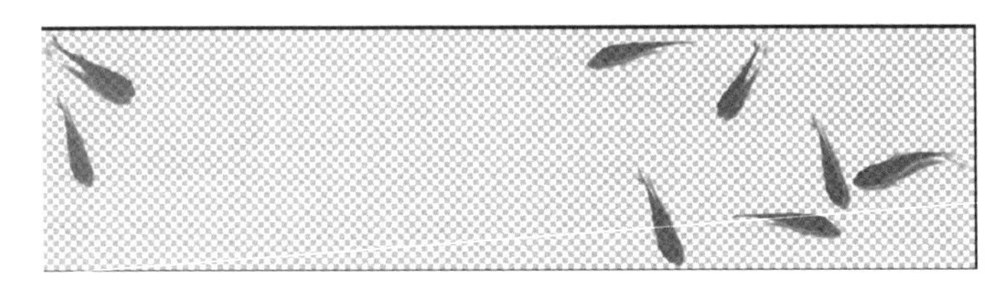

图 8-69　素材图(7)

图 8-70　素材图(8)

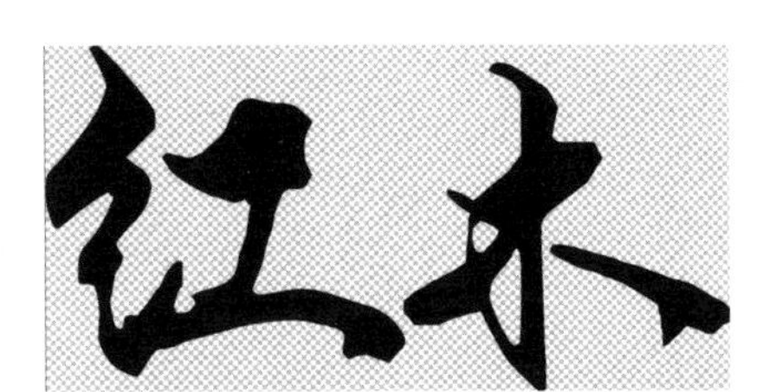

图 8-71　素材图(9)

图 8-72　效果参考

技能点测试

职业技能要求：能对图像进行模糊、风格化浮雕或扭曲等效果处理。

习　　题

1. 要将图 8-73(a)经过处理得到模拟印刷网点被放大后的效果，如图 8-73(b)所示，正确的操作步骤是(　　)。

(a)

(b)

图 8-73　将图像处理为模拟印刷网点被放大的效果

A. 执行“滤镜”|“像素化”|“点状化”命令

B. 执行“滤镜”|“像素化”|“彩色半调”命令

C. 将彩色图像转为灰度模式，然后执行“滤镜”|“像素化”|“点状化”命令

D. 将彩色图像转为灰度模式，然后执行“滤镜”|“像素化”|“彩色半调”命令

2. 在 Photoshop 提供的滤镜中，(　　)滤镜组中的大部分滤镜命令的应用效果与工具箱中的前景色和背景色有密切关系。

A. “扭曲”　　B. “艺术效果”

C. “素描”　　D. “像素化”

3. 要想为已经录制好的“动作”组中再插入其他命令选项，此时可以执行“动作”面板菜单中的(　　)命令。

A. “载入动作”　　B. “再次记录”

C. “插入停止”　　D. “插入菜单项目”

4. 最后一次使用的滤镜出现在“滤镜”菜单最上方，若要重复此滤镜效果，并需要在其对话框中调整各项参数，可以按(　　)组合键。

A. Ctrl+Shift+F　B. Ctrl +F　C. Ctrl+Alt+F　D. Ctrl +E

5. 在 Photoshop 中，“云彩”滤镜效果是随机使用(　　)产生云彩纹理。

A. 纯色　　B. 渐变色　　C. 黑色和白色　　D. 前景色和背景色

6. 当要对文本图层执行滤镜效果时，首先需要将文本图层进行栅格化，下列选项中的(　　)操作不能进行文字的栅格化处理。

A. 执行“图层”|“栅格化”|“文字”命令

B. 执行“图层”|“文字”|“转换为形状”命令

C. 直接选择一个滤镜命令，在弹出的栅格化提示对话框中单击“是”按钮

D. 执行“图层”|“栅格化”|“图层”命令

7. 滤镜的处理效果是以像素为单位的，因此，滤镜的处理效果与图像的(　　)有关。

A. 分辨率　　B. 长宽比例

C. 放缩显示倍率　　D. 裁切

8. 对图 8-74(a)执行(　　)命令后，可以得到图 8-74(b)所示的同心圆效果。

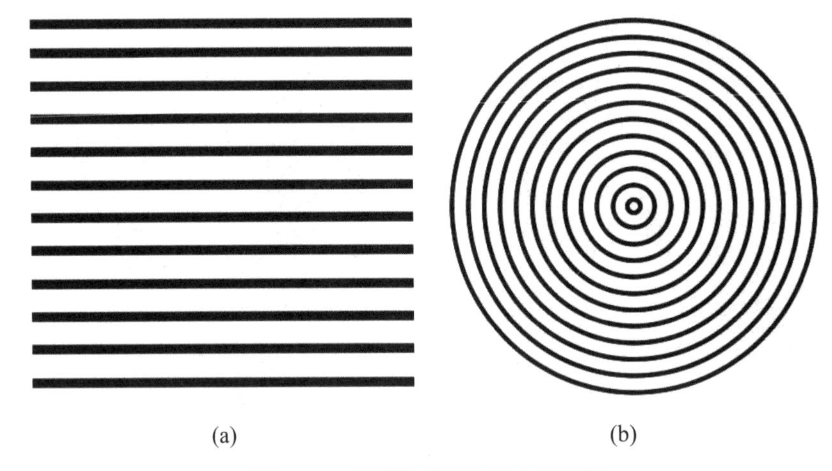

(a)　　(b)

图 8-74　将图像处理为同心圆效果

A. “滤镜”|“扭曲”|“切变”　　B. “滤镜”|“扭曲”|“置换”

C. “滤镜”|“扭曲”|“极坐标”　　D. “滤镜”|“扭曲”|“球面化”

9. 执行“滤镜”|“模糊”子菜单中的(　　)命令可以模拟前后移动相机或旋转相机时产生的模糊效果，它在实际的图像处理中常用于制作光芒四射的光效，如图 8-75 所示。

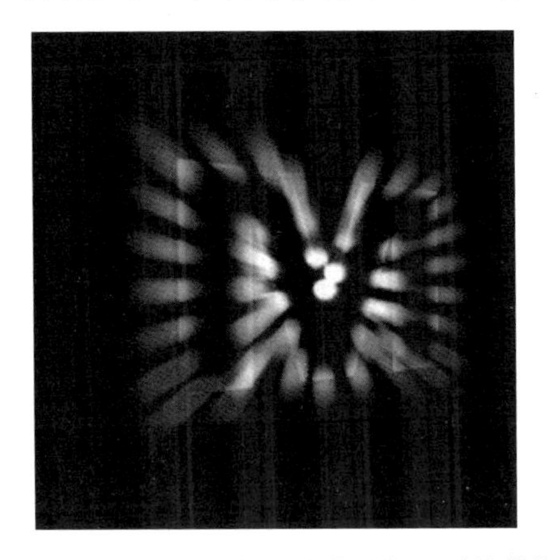

图 8-75　模拟前后移动相机或旋转相机时的模糊效果

A. “特殊模糊”　　B. “镜头模糊”

C. “动感模糊”　　D. “径向模糊”

10. 对图 8-76 所示的图像执行“滤镜”|“像素化”|“晶格化”命令，可以得到如图(　　)所示的效果。

图 8-76　原图效果

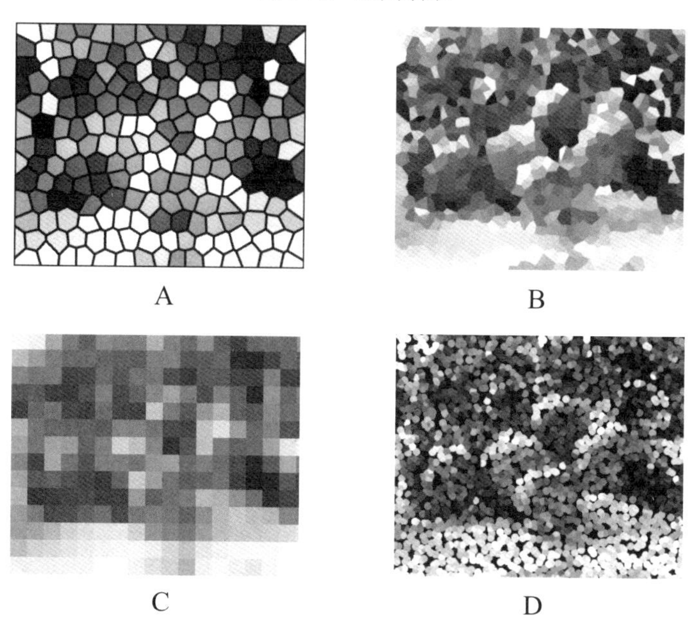

11. 在记录操作命令过程中，以下操作中的(　　)是无法被记录下来的。

A. 应用“矩形选框工具”在图像中画出矩形选区

B. 执行菜单中的“选择”|“取消选择”命令

C. 使用工具箱中的“模糊工具”“锐化工具”“海绵工具”

D. 执行菜单中的“图像”|“调整”|“色相/饱和度”命令

12. “滤镜”|“风格化”|“风”命令可以产生不同程度的风效，下列关于风向设置的描述正确的是(　　)。

A. 风向只能设置为从左和从右两个方向

B. 风向只能设置为从上和从下两个方向

C. 可以任意设置风向的角度数值

D. 不能设置风向

13. 下列对滤镜描述不正确的是(　　)。

A. Photoshop 可以对选区进行滤镜效果处理，如果没有定义选区，则默认为对整个图像进行操作

B. 在索引模式下不可以使用滤镜，有些滤镜不能使用 RGB 模式

C. 扭曲滤镜主要功能让一幅图像产生扭曲效果

D. “3D 变换”滤镜可以将平面图像转换成有立体感的图像

14. 下列可以使图像产生立体光照效果的滤镜是(　　)。

A. 风　　B. 等高线　　C. 浮雕效果　　D. 照亮边缘

15. 当图像是(　　)模式时，所有的滤镜都不可以使用(假设图像是 8 位/通道)。

A. CMYK　　B. 灰度　　C. 多通道　　D. 索引颜色

参 考 文 献

[1] 尤凤英，王华荣，张熙. Photoshop CS6 平面设计实用教程[M]. 2 版. 北京：清华大学出版社，2021.
[2] 亿瑞设计. Photoshop CS6 中文版从入门到精通(微课视频实例版)[M]. 北京：清华大学出版社，2018.
[3] 瞿颖健. Photoshop CC 中文版基础培训教程[M]. 2 版. 北京：清华大学出版社，2020.